中国地质大学（武汉）公共管理学院学科发展专项基金
安 徽 省 地 质 遗 迹 保 护 经 费　　资助

景观地貌学

JINGGUAN DIMAOXUE

主　编：刘　超
副主编：刘一举　李　维　程璜鑫

《景观地貌学》编委会

总 策 划：范清棠

学术顾问：曾克峰

编撰策划：蓝　翔

主　　编：刘　超

副 主 编：刘一举　李　维　程璜鑫

参编人员（按姓氏笔画排序）：

　　　　　　丁　镭　刁贝娣　卢丽雯　苏攀达

　　　　　　杨　洋　黄亚林　黄克红　逯梦强

前 言

　　景观，很美、很复杂；地貌，知之者甚少。当以观景之眼观赏地貌、以赏景之心品鉴地貌时，有了"景观地貌"一词。然而出自地理学、地质学之中的"景观"和"地貌"，却难以被理解，给观景之人留下的疑问甚多。要解答这些疑问也并非一朝一夕之事，部分难题或许经过多年辛勤研究仍无法找到答案。本教材以普通大众看到的地文景观为主要研究对象，从景观形态、景观的成因类型和物质基础等角度对作为"风景"的地貌进行归纳与讲解，以期增加公众对地貌景观的感知能力，也为挖掘景观地貌的科学美、展示景观地貌的形态美提供理论依据。

　　为了实现地貌的景观价值这一宏大愿望，《景观地貌学》试着向前迈一小步。以地理空间单元为第一原则，根据空间规模将地文景观划分为中微型景观和普通视域景观。中微型景观包括三个方面：其一，需要借助放大镜、显微镜等仪器设备才能看得清楚的景观，如矿物晶体；其二，需要经过挖掘、打磨等实验处理才能充分展现的景观，如化石、宝石；其三，需要专业解说才能读懂的景观，如地质剖面、构造形迹。再根据空间形态将视域范围可以直接观察的地貌景观划分为山岳、峡谷、丘陵、平原、水体、海岸及岛屿等基本类型，并以景观成因和物质基础进行类型细分。

　　理念变化一小步，知识应用一大步。努力让地球科学的理论观点变成旅游应用的基础，让游客轻松感知地貌的科学美是本书的初衷。地貌是风景的载体（形态、色彩优美的地貌其实就是风景），但还不能完全等同于风景，主要是因为游客难以捕捉地貌的科学美。全书通过照片、示意图和简短的文字来描述景观的形态特征、地貌学成因和科学内涵，并以此向普通大众展现地貌的美学价值。

全书共分九章,编写分工如下:第一章、第二章、第三章由刘超、程璜鑫编写,第四章由刘超、刁贝娣编写,第五章由刘一举、黄克红编写,第六章由李维、卢丽雯编写,第七章由黄亚林、刘超编写,第八章由刘超、苏攀达、杨洋编写,第九章由刘超、逯梦强编写。为了帮助读者更好地学习掌握本书的教学内容,由刘超、刘一举设计、编写了各章思考题。全书由刘超统稿。

本书强调理论系统的科学性,注重景观类型的完整性、典型性,将成景过程与景观特征相结合,体现了地貌学理论亲民性应用的特色,既适合高等学校自然地理与资源环境、人文地理与区域规划、地理科学、景观规划及设计类专业本科生学习,又可作为地质公园、风景名胜区、自然保护区、导游服务等部门和单位的培训教材,也可供相关管理人员参考阅读。

本书得以成型、出版,要感谢许多人。众多学者、专家的研究成果给予了启发,相关学术观点、图文表格等资料以文献的形式进行标注引用。编写过程中承蒙恩师曾克峰教授的鼓励和指导,成稿后又给予多次审读、修改。中国地质大学(武汉)地理环境与国家公园实验室黄山地貌及山岳景观研究团队和黄山风景区管理委员会的同志为景观特征分析提供了大量照片及素材。中国地质大学(武汉)公共管理学院区域规划系学科发展专项基金、安徽省地质遗迹保护经费提供了专项资助。丁镭博士、胡梦晴、夏会会等同学做了许多具体的辅助工作。在此,一并致以衷心的感谢。虽经多番努力,书中仍有一些摄影作品或是旅游照片无法找到原始出处,谨为对地貌景观的有力讲解,在此特向原创作者致以深深歉意和衷心谢意!

尽管本书编写过程中作者力求以简单的语言、新颖的观念、完整的体系来表达地貌景观的成因、特征及旅游开发价值,但限于时间和水平,书中不当之处还请读者批评指正,以便再版时能使之更趋完善。

刘　超
2015 年 11 月 30 日于武汉

目 录

第一章 神秘而富有规律的地貌 (1)
第一节 地貌及地貌的描述 (2)
第二节 传统的地貌类型划分 (5)
第三节 地貌演化的控制因素 (7)

第二章 美而不同的景观 (9)
第一节 景观及景观的描述 (9)
第二节 景观要素及景观的演变 (14)
第三节 景观评价方法简介 (17)
第四节 景观评估的步骤 (17)

第三章 景观地貌的约定 (19)
第一节 景观地貌的定义 (20)
第二节 景观地貌的空间表达 (23)
第三节 景观地貌的内容及特色 (24)

第四章 中微型地貌景观 (27)
第一节 岩石矿物类景观 (28)
第二节 古生物古人类化石类景观 (33)
第三节 地质剖面类景观 (36)
第四节 构造遗迹类景观 (38)

第五章 山岳景观 (42)
第一节 花岗岩山岳景观 (43)
一、黄山的花岗岩地貌景观 (44)
二、其他类型的花岗岩地貌景观 (49)

第二节　碎屑岩山岳景观 ··· (53)

一、丹霞山型碎屑岩地貌景观 ··· (53)

二、嶂石岩型碎屑岩地貌景观 ··· (57)

三、张家界型碎屑岩地貌景观 ··· (57)

四、乌尔禾型碎屑岩地貌景观 ··· (58)

五、元谋型碎屑岩地貌景观 ··· (60)

六、陆良型碎屑岩地貌景观 ··· (60)

第三节　其他山地景观 ··· (61)

一、石灰岩山地景观 ·· (62)

二、黄土地貌景观 ·· (65)

三、火山地貌景观及火山岩山地景观 ··· (67)

第六章　峡谷景观 ·· (72)

第一节　构造峡谷 ··· (73)

第二节　河流峡谷 ··· (75)

第三节　其他谷地景观 ··· (80)

一、冰川谷地景观 ·· (80)

二、岩溶谷地景观 ·· (81)

三、特殊谷地景观 ·· (83)

第七章　丘陵、平原及其他陆地景观 ·· (85)

第一节　丘陵景观 ··· (86)

一、辽东丘陵 ··· (86)

二、山东丘陵 ··· (86)

三、东南丘陵 ··· (87)

四、其他类型的丘陵景观 ··· (89)

第二节　平原景观 ··· (90)

一、东北平原 ··· (91)

二、华北平原 ··· (92)

三、长江中下游平原 ·· (92)

四、其他类型的平原景观 ··· (93)

第三节　荒漠景观 ··· (94)

一、沙漠景观 ··· (94)

二、戈壁景观 …………………………………………………………………………（97）
　　三、泥漠与盐漠景观 ……………………………………………………………（98）

第四节　洞穴景观 …………………………………………………………………………（99）
　　一、岩溶洞穴景观 ………………………………………………………………（99）
　　二、火山熔岩类洞穴景观 ………………………………………………………（101）
　　三、其他洞穴景观 ………………………………………………………………（101）

第八章　水体景观 …………………………………………………………………………（104）

第一节　风景河段 …………………………………………………………………………（105）
　　一、河水与河岸景观 ……………………………………………………………（105）
　　二、城市滨河景观 ………………………………………………………………（106）
　　三、其他类型河流景观 …………………………………………………………（108）

第二节　湖泊景观 …………………………………………………………………………（109）
　　一、湖泊景观的地貌类型 ………………………………………………………（109）
　　二、中华著名湖泊景观 …………………………………………………………（112）

第三节　瀑布及泉水景观 …………………………………………………………………（115）
　　一、瀑布景观 ……………………………………………………………………（115）
　　二、泉水景观 ……………………………………………………………………（117）

第九章　海岸及岛礁景观 …………………………………………………………………（120）

第一节　海岸景观 …………………………………………………………………………（121）
　　一、海蚀地貌景观 ………………………………………………………………（121）
　　二、海积地貌景观 ………………………………………………………………（123）
　　三、红树林海岸景观 ……………………………………………………………（125）

第二节　岛礁景观 …………………………………………………………………………（127）
　　一、岛屿景观 ……………………………………………………………………（127）
　　二、生物礁景观 …………………………………………………………………（128）

主要参考文献 ………………………………………………………………………………（131）

第一章　神秘而富有规律的地貌

 课前导读

山川大地被古代传说赋予了无限的力量,常常变幻莫测、见首不见尾。其神秘感大多源自"少见"而"多怪"。"少见"的原因大致有三:其一,沧海桑田般的地貌变化,历经百万年、千万年,对于人类历史来讲其时间尺度太大,我们没机会见证;其二,如同地震、火山、崩滑等剧烈的地貌变化多为瞬时爆发式,我们难得一见;其三,地貌变化所涉及的区域范围要么过大,要么处于地下或是古人难以触及之处,观测手段制约了人类的观察能力,导致难以分析地貌变化的作用力。如此这般少见引起古人的无限遐想,众多无端猜测和不断神化,便成了有传说、有记载的"多怪"。其实地貌演化也是有规律可循的。我们从地貌形态、成因类型、控制因素等方面来归纳一些有意思的自然规律,以便更好地认识地貌。

本章简述地貌学基础知识,旨在让我们快速了解地貌的概念、类型及其演化的控制因素。主要包含以下几个问题。

(1)什么是地貌?如何描述地貌?

(2)地貌类型如何划分?

(3)哪些因素控制着地貌的演化?

左图,水平岩层地貌景观;右图,侵蚀台地景观(据曾克峰,2013)

第一节 地貌及地貌的描述

地貌(Landform)是地球表面各种形态的总称。

地球表面是不平坦的,具有一定的起伏。这些起伏规模不等,形态各异,构成了地貌学的研究对象。传统地貌学(Geomorphology)是介于地质学与自然地理学之间的一门边缘学科,它是研究地表形态特征、成因、发展演化和分布规律的学科。

地貌形态虽复杂多样,但都可以用点、线、面等基本要素来描述。如图1-1所示,用地貌面、地貌线、地貌点来描述地貌体,构成一幅简单的地貌示意图。地貌面又称地形面,是一个复杂的平面、曲面或者波状面。地貌线是相邻地貌面的交线。地貌点是地貌面的交点或者地貌线的交点,例如山顶点、洼地最低点。

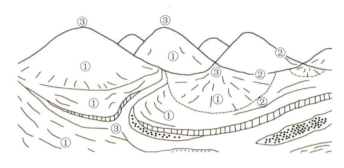

图1-1 地貌要素的辨别
①地貌面;②地貌线;③地貌点

地貌形态的描述可分为文字描述、参数描述和图件描述。

(1)地貌形态的文字描述,是指利用文字语义表述地貌体的形态、成因、物质组成和空间分布等。其中,文字描述地貌体的平面形态(投影在平面坐标系上的轮廓),可以用几何图形和常见物体的图案形象地描述,如图1-2所示,黄河在平面坐标系上的投影为形似汉字"几"的曲线。

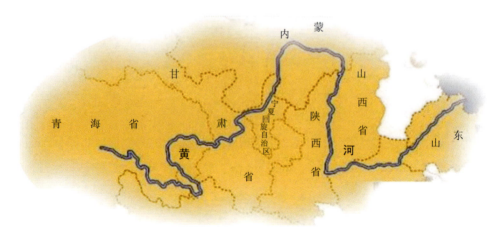

图1-2 黄河"几"字形态

(2)也可对地貌形态要素进行测量,运用其得出的参数数据对地貌体进行具体描述。常用的地貌形态参数包括高度、坡度、切割密度、切割深度、直径、扁率、长轴、短轴、面积、延伸性、弯曲程度等。

(3)把描述地貌形态特征的文字和参数通过地图的形式表现出来,即为地貌形态的图件描述,可以用地形图、地貌图来表达。

地貌体沿其延伸方向的垂直方向自上而下切开的断面称为横剖面(图1-3,AB)。对于正地貌,表述的内容有顶面、剖面形态特征,主要有坡形、顶面与坡面、坡面与坡面之间转折、坡面长度、坡度、高度、对称性等形态指标;对于负地貌,表述底面、坡面坡形、底面与坡面、坡面与坡面之间转换,以及地貌面起伏变化、底面宽度等。

沿地貌延伸方向自上而下切开的断面称为纵剖面(图1-3,CD)。纵剖面表述地貌体纵向的起伏特征(如山岭或谷地),起伏变化及大小、坡降,以及投影在平面上的线性和带状等地貌特征。

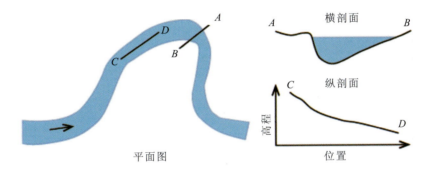

图1-3 河流剖面示意图

高度指标是地貌最重要的指标之一,对于说明整个地球以及各个区域的或是单体的地貌起伏特征具有重要意义。高度指标主要分为海拔高度和相对高度。海拔高度是山岳和平原一类大地貌分类的主要依据。相对高度是两个地貌体之间的比较高差,如阶地面与河床平水位之间高差,溶洞底部与河床高差等。相对高度是判断地貌形成先后顺序的重要依据。

坡度指地貌形态某一部分地形面的倾斜度。倾斜度只是地表某一点的切线与水平面之间(夹角)的锐角值。坡度按等级可划分为:陡坡(坡角>50°)、中等坡(坡角25°~50°)、缓坡(坡角<25°)。坡度一般在野外测量,对研究坡地地貌以及地质灾害有重要价值。

地形图是地貌信息载负和传输的可视化工具之一。等高线指的是地形图上高程相等的各点所连成的闭合曲线,在等高线上标注的数字为该等高线的海拔高度。等高线按其作用不同,分为首曲线、计曲线、间曲线与助曲线四种(图1-4)。

(1)首曲线,又称基本等高线,是按规定的等高距测绘的细实线,用以显示地貌的基本形态。

(2)计曲线,是加粗等高线,从规定的高程基准面算起,每隔4个等高距将首曲线加粗为一条粗实线,以便在地图上判读和计算高程。

(3)间曲线,即半距等高线,是按1/2等高距描绘的细长虚线,主要用以显示首曲线不能显示的某段微型地貌。

(4)助曲线,又叫辅助等高线,是按 1/4 等高距描绘的细短虚线,用以显示间曲线仍不能显示的某段微型地貌。

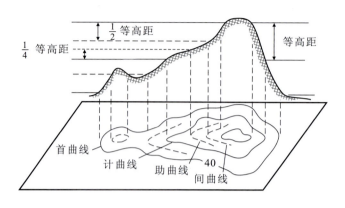

图 1-4 等高线地形图

地形图上的等高线不仅是地表相同高程点的连线,而且表示出地表任一点的高程。等高线的排列、疏密、弯曲形式、弯曲方向、延伸方向表示出地貌形体特征。通过等高线分析地貌具有如下规律性(图 1-5)。

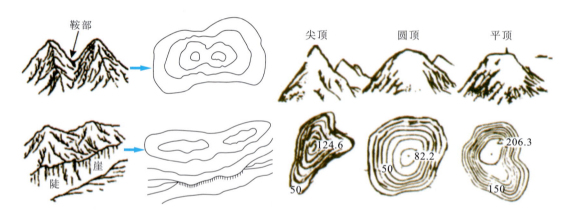

图 1-5 等高线地形图分析地貌的规律

(1)一组没有明显弯曲的等高线,即等高线延伸比较平直且相互间距离相等,表示地貌面(坡面)平坦、等倾斜,形态简单。

(2)等高距相同的情况下,等高线越密,即等高线平距越小,地面坡度越陡,等高线重合处为悬崖;反之,等高线越稀,即等高线平距越大,地面坡度越缓。

(3)山顶处等高线闭合,且数值从中心向四周逐渐降低;盆地或洼地处等高线闭合,且数值从中心向四周逐渐升高。

(4)山脊是等高线凸出部分指向海拔较低处;山谷是等高线凸出部分指向海拔较高处;鞍部则是正对的两山脊或山谷等高线之间的空白部分。

(5)等高线弯曲(转折)尖锐,表示山顶或者谷底尖锐狭窄;等高线弯曲(逐渐转折)圆滑,表示山顶或者谷底为圆弧状;等高线弯曲(转折)平滑,表示山顶或者谷底宽平。

专门地貌图(Special Geomorphologic Map)是为了解决某一实际问题或研究地貌专门问题而绘制的地貌图,如砂矿地貌图、滑坡图、坍陷分布图,以及其他为找矿、水文地质、工程地质、海港建设、航运等服务的地貌图。它用静态和动态、平面和多维空间、多种媒体、虚拟现实等各种形式来表示地貌,用多边形图形表示地貌形体、地貌分布与空间组合,赋予多边形图形地貌属性。

第二节 传统的地貌类型划分

以区域大小、起伏(海拔)高度、动力条件(成因)、物质基础等几个指标为参考,现已形成多套划分方案。

依据范围大小划分:第一级巨型地貌,或称为板块地貌,分为大陆与大洋(图1-6);第二级大型地貌,或称为区域地貌,包括高原、山地、丘陵、平原、盆地等(图1-7);第三级为中型地貌,或称为局地地貌,包括山脊、山麓、河谷等;还可以继续划分到第四级小型地貌,或称微地貌,例如将河谷分为谷肩、谷坡、河床,或更细到河流阶地、河漫滩、侧蚀凹槽、壶穴等。

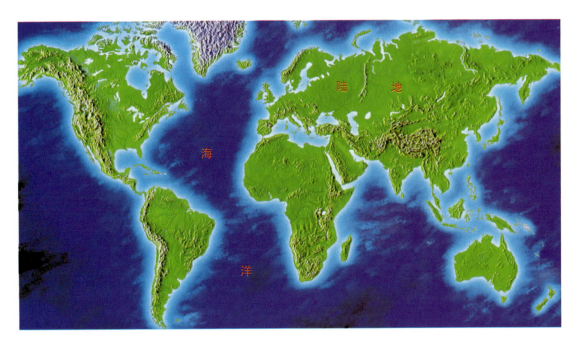

图1-6 第一级地貌——陆地和海洋

李炳元等(2008)在已有分类的基础上,从相对高度和绝对高度两个角度,重新组合和划分中国陆地地貌,详见表1-1。

依据动力条件(或称地貌营力类型)而划分的地貌类型(或称成因类型),包括流水地貌、海成地貌、风成地貌、冰川地貌、岩溶地貌、火山地貌、构造地貌。按照地貌营力的作用效果,上述地貌类型可进一步细分为侵蚀地貌和堆积地貌,如风成地貌分为风蚀地貌和风积地貌。

图1-7 第二级地貌——高原、山地、丘陵、平原、盆地

表1-1 我国基本地貌类型划分表(据李炳元,2008)

形态类型		海拔				
		低海拔 <1000m	中海拔 1000~2000m	高中海拔 2000~4000m	高海拔 4000~6000m	极高海拔 >6000m
平原	平原	低海拔平原	中海拔平原	高中海拔平原	高海拔平原	—
	台地	低海拔台地	中海拔台地	高中海拔台地	高海拔台地	
山地	丘陵(<200m)	低海拔丘陵	中海拔丘陵	高中海拔丘陵	高海拔丘陵	
	小起伏山地(200~500m)	小起伏山	小起伏中山	小起伏高中山	小起伏高山	
	中起伏山地(500~1000m)	中起伏低山	中起伏中山	中起伏中山	中起伏高山	中起伏极高山
	大起伏山地(1000~2500m)	—	大起伏中山	大起伏中山	大起伏高山	大起伏极高山
	极大起伏山地(>2500m)	—	—	极大起伏高中山	极大起伏高山	极大起伏极高山

除了上述按单一因素的地貌划分方案,周成虎等(2009)通过改良1987年中国1:100万地貌图制图规范,提出了数字地貌三等六级七层的分类体系,如表1-2所示。由地势起伏度和海拔高度共同组成基本地貌形态类型,即为地貌纲和亚纲,分别对应第一级和第二级;由成因类型和次级成因类型组成了地貌的成因分类,分别对应着地貌的类和亚类,即第三级和第四级;由地貌形态、次级形态、地面坡度和坡向等共同组成了地貌的形态型,为第五级;物质组成为地貌的亚型,为第六级。

另外,随着我国地质公园建设要求将地貌学知识与景观特色相结合,需要从景观的角度对具有不同特色的地貌进行分类,同时这种分类要实现大众科普的意义。因此2010年国土资源部发布《国家地质公园规划编制技术要求》(国土资发〔2010〕89号),文件中将地质遗迹分为地质剖面、地质构造、古生物、矿产与矿床、地貌景观、水体景观、环境地质遗迹七个大类。其中所列地貌景观大类包括6个类型16个亚类,如表1-3所示。

至此,地貌有了景观的表达形式。从此文件中对地貌景观的分类不难看出,这种分类将地貌成因、物质基础等要素与景观特色巧妙地衔接起来,让普通大众在接触到不同类型的景观时,能自然地区分景观表达出的地貌知识。

表 1-2 中国陆地 1：100 万数字地貌分类方案（形态成因类型）（据周成虎等，2009）

地貌纲	地貌亚纲	地貌类	地貌亚类	地貌型			地貌亚型
第一级	第二级	第三级	第四级	第五级			第六级
基本地貌形态类型		成因类型		形态类型			物质类型
第一层		第二层	第三层	第四层	第五层	第六层	第七层
起伏度	海拔高度	成因	次级成因	形态	次级形态	坡度坡向及组合	物质组成或岩性
平原 台地 丘陵 小起伏山地 中起伏山地 大起伏山地 极大起伏山地	低海拔 中海拔 高海拔 极高海拔	海成 湖成 流水 风成 冰川 冰缘 干燥 黄土 岩溶 火山熔岩	随成因类型变化而变化，基本分为抬升/侵蚀、下降/堆积	按照次级成因来进一步细分的形态类型	随形态而变，需进一步细分的形态类型	平原和台地： 平坦的 倾斜的 起伏的 丘陵和山地： 平缓的 缓的 陡的 极陡的	按照成因类型、地表物质组成、岩性来区分
固定项				参考项（可修正或调整）			

表 1-3 《国家地质公园规划编制技术要求》中地貌景观大类的细分类型

地貌景观类	地貌景观亚类
岩石地貌景观	花岗岩地貌景观、碎屑岩地貌景观、可溶岩地貌（喀斯特地貌）景观、黄土地貌景观、砂积地貌景观
火山地貌景观	火山机构地貌景观、火山熔岩地貌景观、火山碎屑堆积地貌景观
冰川地貌景观	冰川刨蚀地貌景观、冰川堆积地貌景观、冰缘地貌景观
流水地貌景观	流水侵蚀地貌景观、流水堆积地貌景观
海蚀海积景观	海蚀地貌景观、海积地貌景观
构造地貌景观	构造地貌景观

第三节 地貌演化的控制因素

地貌不是一成不变的，它们总是处于不断发展变化之中。因此地貌学不仅研究地貌的形态特征，还研究地貌的成因，推测地貌的发展趋势，探索地貌的演化规律和控制因素。

地貌演化受哪些因素控制呢？1899 年，戴维斯将地表千姿百态、规模各异的地貌成因归纳为三大因素，即地质构造性质、内外营力和作用时间。经典地貌理论将地貌演化的控制因素分为五个方面：地质构造、岩石性质（或物质基础）、内外营力、人类活动、经历时间。

地质构造对地貌的形成和发育有重要影响。例如构造体系控制山脉、水系的分布,影响地貌侵蚀切割程度与发育方向(如,河谷通常沿背斜轴部、断裂带和软弱岩层发育)。大地构造单元是地貌发育的基础。地质构造也是地貌形态的骨架,在构造运动影响下出现构造地貌,如褶皱山、断块山等。

岩石是地质单元组成的基本要素,而岩石的性质(包括物理性质和化学性质)对地貌的发育有着重要的影响。岩石的性质主要包括岩石的抗侵蚀性、岩石内节理发育情况和岩石的可溶性,等等。不同的岩石具有不同的抗侵蚀性,而经过剥蚀和风化,岩石呈现出不同形态和颜色,从而形成不同的地貌景观。

根据地貌的形成条件,可将促使地貌形成的动力分为内营力和外营力(动力)。内动力地质作用往往是加大地形的起伏,而外动力地质作用往往是减小地形的起伏。这两者单独作用或者相互作用,形成了千姿百态的地貌。

内动力作用泛指源于地球内部的化学能、热能以及地球旋转能产生的作用力。影响地貌发育的内动力活动主要是指上述能源所产生的构造运动和岩浆活动所引起的一系列构造变化。

外动力作用是指地球表面在太阳辐射和重力驱动下,通过空气、流水和生物等活动所起的作用,包括流水作用、风化作用、冰川作用,以及波浪和潮汐的侵蚀、搬运和堆积作用等。外动力作用非常活跃,它使原地貌形体变形、组成物质位移,可以被人们直接观察到。

构造运动分为垂直运动和水平运动两种形式。垂直运动又称升降运动、造陆运动,它表现为地形隆起或相邻区的下降。水平运动指地壳岩层沿平行于地球表面方向的运动,可形成巨大的褶皱山系。构造运动影响着地球表面的海陆分布和各种地质作用的发生,改变岩层的原始状态,并形成各种构造形态。

自岩浆的产生、上升到岩浆冷凝固结成岩的全过程称为岩浆活动或岩浆作用,有喷出和侵入两种形式。喷出地表的岩浆活动叫作火山活动或火山作用。岩浆喷出后,当大量覆盖地表时,会形成火山平原或者火山高原;当停积在火山口周围时,则会形成火山锥地貌。

除了自然因素的影响之外,地貌的形成也受到人类活动的影响。随着科学技术的发展,人工作用的强度和范围不断增加,人类活动已成为改造地貌的重要营力。比如,人类的挖掘活动、建造活动及其他生产生活对风化侵蚀作用的影响。

时间因素也是地貌演化过程中一个不可忽略的变量。在其他条件相同的情况下,历经时间的长短不同,地貌发育的形态也会有差别,通常表达为地貌发育的阶段性。比如岩溶地貌发育的阶段性,可分为"幼年阶段""青年阶段""壮年阶段"和"老年阶段"。

1. 什么是地貌?如何描述地貌?
2. 举例说明地貌形态的文字描述。
3. 地貌类型如何划分?
4. 查阅资料,简述我国地貌类型的空间分布。
5. 哪些因素控制着地貌的演化?

第二章　美而不同的景观

课前导读

美有很多种，关键是懂与不懂。关于美的表达，有句老话"情人眼里出西施"，我们不妨审读一番："西施"作为古代四大美人之一，可以看作美的代表。那么美人美的标准，就是西施类型的体型、仪态、言行举止等（美是客观的，可以用客观指标来描述）；另一层面，情人眼里才出西施，对于美，尤其是审美的概括却是主观的（美存在于审美者眼中或是脑海里，是一种主观感受）。景观美与不美，如何才能更美，是景观评价、景观规划设计回避不了的问题。我们从景观组成、景观类型、景观美学以及景观评价等方面了解一些基础知识，以便提升景观规划设计的理念、提高景观要素优化组合的能力。

本章介绍有关景观的一些基础知识，帮助我们欣赏景观。主要包含以下几个关键问题。

(1)什么是景观，如何描述景观？

(2)景观有哪些组成要素，这些要素会变化吗？

(3)景观如何评价？有哪些方法、步骤，哪些指标？

丹霞地貌(程璜鑫 摄)：左图，湖北当阳丹山碧水；右图，甘肃张掖彩虹山

第一节　景观及景观的描述

景观(Landscape)，外文词汇最早见于希伯来语圣经《旧约全书》，在英语、德语、俄语中拼写相似，其原意包含自然风光、地面形态和风景画面。汉语中的"景观"一词出现较晚，但是与之相近的"风景""山水"等词语出现较早，且一直被现代汉语沿用。

以现代词义来分解，汉语的"景观"含义似乎更为丰富，既反映了客观的"风景、景色、景致"

之意,又用"观"字表达了观察者的主观感受。景观内容综合而庞杂,不同的学科对"景观"的理解也有所不同。无论在西方还是中国,"景观"都是一个美丽而难以说清的概念(如图2-1所示景观)。

图 2-1 甘肃临潭冶力关国家地质公园(程璜鑫 摄)

景观作为科学名词,在地理学中表征地表可见景象或某个限定性区域。例如19世纪初期德国著名地理学家洪堡德(Hmboldt A V)探索由原始自然景观变成人类文化景观的过程,之后由前苏联地理学家贝尔格等发展成为景观地理学派。特罗尔(Troll C)将景观的概念引入生态学,直观的景观指生态系统综合体,包括森林、田野、草原、村落等可视实体类型,抽象的景观是对生态系统进行空间研究的生态学标尺。在建筑学范围内,景观体现出与工程科学的交叉,它将生物措施与工程措施相结合,营建能充分展示景观多重价值的人居环境。随着生活水平和人文素质的提升,作为景观设计者和建设者,不仅要懂得如何建造景观,还要懂得如何将景观建造得更有美学品质,于是形成景观美学、景观艺术。

借用诸家之长,从景观的资源属性出发,定义景观为一切可观察到或感知到的可满足人们某种需求的事物总称,可分为自然景观和人文景观两大类。

自然景观(Nature Landscape),由自然要素相互联系形成的自然综合体,包括地貌景观、水体景观、生物景观、大气景观、太空景观等。本教材主要讨论地貌景观,是指有美学价值或科学价值(或称之为科学美、内涵美)的中微观地质景观和宏观地表形态,属于广义的地文景观。

人文景观(Culture Landscape),又称文化景观,是人们为了满足一定物质和精神等方面的需要,在自然景观的基础上,叠加了文化特质而构成的景观,包括物质文化景观和非物质文化景观。

有观赏(或感知)价值的景观,即景观资源(Landscape Resource),对游客产生吸引力,构成了重要的旅游资源。

景观描述(Landscape Description),是对景观特征的表达和揭示。

景观描述主要从景观美学的角度出发,对景观评价指标进行定量或定性衡量,包括景观认知和景观审美两个层次。景观认知性描述是景观意义传达的重要方式,表达了明确的意义(景观的形态、类型、客观内容等),属于认知范畴。景观审美性描述是景观意蕴表现的重要方法,表现的是抽象的意蕴(景观的意境、寓意、主观情感等),属于审美范畴。比如景观美感的描述词汇有:形象美、色彩美、线条美、结构美、综合美、听觉美、视角美、嗅觉美、触觉美、韵律美、科学美、寓意美等。

(1)景观形象美是指自然景观和人文景观总体形态和空间形式的美。

人们通过对自然和人文景观的审视和观赏,在心理上和生理上产生某种美的感受。古人对我国著名自然景观的形象美进行了高度概括,表达为"雄、险、秀、奇、峻、幽"等形象特征,比如:"泰山天下雄""华山天下险""衡山天下秀""恒山天下奇""嵩山天下峻""青城天下幽"。

(2)景观色彩美是指景物在颜色、明暗等方面的美感。

构成景观的物质成分、结构及组合状态,能使景物呈现不同的色彩。如河北嶂石岩景观是由元古宇红色石英砂岩组成,形成"万丈红绫"的奇观,云南中甸白水台的钙华流呈现出洁白如雪的色彩。再如九寨沟的水清澈湛蓝、蜀南竹海景观的青翠等。加上阳光、气象和季节的变化,更能使景观产生变幻无穷的色彩(图2-2),美不胜收。景观色彩美会使人产生强烈的愉悦感。

图2-2 九寨沟水体景观(九寨沟景区 谢超 摄)

(3)景观线条美是指景观轮廓线所呈现的美感。

景观轮廓、层次、明暗、色块界线需要线条来表现,自然和人文景观形体轮廓线条往往可以呈现某种形象逼真的造型,使人产生美感。一个景观若要酷似某物,其线条起着决定性作用。如站在昆明滇池东岸远望昆明西山(图2-3),其造型似美女仰卧滇池边,线条清晰而优美,即景观线条美的一个典范。再如广西左江著名风光"睡美人"(图2-4)。

图2-3 景观的线条美:昆明西山(云南 李文华 摄)

图 2-4　景观的线条美：崇左左江睡美人（广西　林玲　摄）

（4）景观结构美是指景物间巧妙组合产生的美，是景观美的核心。

组成景观的各个要素联系紧密，互补互衬，形成具有美感的景观结构。自然景观和人文景观都有时空结构美。如桂林山水景观，山奇水秀，青山和碧水相互陪衬，形成了"江作青罗带、山如碧玉簪"的自然结构美（图 2-5）。又如"落霞与孤鹜齐飞，秋水共长天一色"，也是对一种景观结构美的高度概括。再如山西五台山，寺庙景观在时间上有唐代至宋、元、明、清等各朝代的建筑，在空间上有不同的寺院风格，建筑布局各有不同的特色。

图 2-5　桂林山水（刘超　摄）

景观是由众多景物共同构成的地域综合体，自然美和人工美相互融合在一起，便构成了景观综合美。北京颐和园，除有昆明湖和万寿山等自然景物外，还有与其协调的建筑，如亭台、楼阁、桥、坊、榭、轩、堂、塔、假山等，构成一种具有多元结构的综合美。

（5）景观听觉美是景观审美的一种类型。它是指通过人的听觉器官——耳朵，所获得的自然声响，从生理到心理产生一种舒适感。如瀑落深潭、惊涛击岸、溪流山涧、泉洗清池、雨打芭蕉、风起松涛、幽林鸟语、寂夜虫鸣等，都会给人音乐般的享受。

（6）景观视觉美是指通过观赏者的视觉器官——眼睛，看到的景观美的形象、色彩、动态等特征,而产生的美感。视觉是获得美的主要感官,由它获得的美的信息要占所有感官获取信息量的80%以上。如泰山观日出,主要通过视觉感受旭日美。"横看成岭侧成峰,远近高低各不同"是对庐山视觉美的一种写照。

(7)景观嗅觉美是指通过人们的嗅觉器官——鼻子,嗅到的清新、芳香等令人愉悦的气味,而产生的一种美感。如雨后山林中的空气特别清新,原野中的兰、桂等开放而释放一种沁人肺腑的芳香,使人感到格外舒畅。

(8)景观触觉美是指通过触觉器官从景观获得美感,人们通过触觉——手、足或身体其他部位触摸自然和人文景观,感到舒适和畅快等。如海湾戏水,感受海浪轻拍的快感;沙滩漫步,感受足底按摩的舒畅;爬山者手攀足登的感受,所谓"奇从险极生、快自艰余获",只有手足接触悬崖峭壁,才能从惊险中体会美的感受。

(9)景观韵律美是指景观在时间和空间上有规律地变换的美感。在时间上如早晨、中午、傍晚和夜间不同时间景观的变化,又如一年中春、夏、秋、冬景观的季节变化,春山如笑,下山如滴,秋山如妆,冬山如睡。在空间上如高山有垂直景观的变化,在海滨有水平方向的景观的变化,如河北昌黎黄金海岸风景区,由陆向海依次有森林、沙丘、海滩、碧海等景观。

(10)科学美就是在揭示自然界运动规律和内在结构的过程中用一定手段塑造的科学形象的美。而景观科学美是指景观的科学内涵美。景观作为一门学科,本身存在一定的结构和条理,而这些结构和条理就是一种美。如多边状几何态的玄武岩柱节理(图2-6),漏斗状的火口湖,冰川作用形成的三角形尖峰(图2-7)等,既有美观的外形又蕴含形成的科学道理,游客会产生强烈的科学美感。

(11)景观寓意美是指景观代表的含义。如翠竹景观,寓意有"节",竹中空,寓意"虚心"。又如南岳衡山的主碑像个寿桃,象征着寿比南山,长命百岁,所以衡山又称寿山。还有牡丹象征富贵,玫瑰花象征爱情,日出景观象征朝气蓬勃、蒸蒸日上。这种蕴含某种文化意义的景观,既增加了景观的内涵美,又增加了一定的文化知识。

图2-6 福建漳浦滨海地质公园玄武岩柱状节理[①] 　　图2-7 勃朗峰冰川角峰

①漳州火山岛自然生态景区.[2015-10-20]. http://image.baidu.com/search/20140512105908_60309.jpg.

第二节 景观要素及景观的演变

景观要素(Landscape Element),即组成景观的个体成分,包括地形、气候、水、生物、土壤,以及社会文化因素,例如山石、动植物、水体、大气、建筑、音乐等。

景观的自然要素部分,是物质的,并且是可见的,通常被客观地描述或定量化表达;关于社会文化等人文要素,有些为非物质状态。按照景观要素是否受人为影响(或附加人类活动、人类文明)可将景观分为自然景观和人文景观。

地表的几何形态是不断变化着的,地学界常称之为地形变化,或是地貌演变(正如第一章所述)。现代人不可能记得黄山是什么时间形成的,更不可能记得黄山地区在黄山形成之前是什么样子。科学家们运用了很多有力证据,证明黄山的成山时代是在距今 1.37~1.24 亿年间(即受燕山运动影响)成为山地;在那之前,黄山是一片汪洋大海。黄山形成之后也并不是一层不变的,雨水、洪流通过运动洗刷、雕刻岩体(图 2-8,"猴子观海");风化剥蚀,重力破坏产生崩塌(图 2-9,飞来石)。

图 2-8 黄山"猴子观海"
(黄山管理委员会 提供)

图 2-9 黄山飞来石
(黄山管理委员会 提供)

按照冰川理论,黄山因冰川作用留下了刃脊(图 2-10,"鲫鱼背")、角峰(图 2-11,天都峰)等冰蚀地貌。解读景观的首要步骤之一就是识别地形。作为规划设计人员,你需要尝试透过植被、建筑、道路等表面现象去发现某个区域的基本地形状况。

气候对景观的影响主要来自太阳的辐射作用。太阳辐射传递来的能量一半看得见(可见光),一半看不见。当太阳辐射到一个与光线垂直的表面时,此面所接受的能量最高。这是景观中可以接受最大太阳能的地方。在规划设计中你可以很好利用这一特征,比如北方房子主要为平楼、四合院,墙体较厚,可御寒;南方房子的房檐倾斜,墙体较高,可挡水(图 2-12);再如耐热喜光植物的布置与搭配。作为规划设计师,你可以决定在什么位置放置什么。如果你了解景观与太阳的关系,可以把室外休息区放在人体感到舒适的地方,可以在合乎人的需求的地方种植树木或是花草。如果能全面把握局地气候(或微气候,Micro-climate),充分理解光照、风向、风速、降水等气候因子,并科学运用其规律,那一定能成为一个很棒的景观规划师。

学习过自然地理学,你很熟悉"水的循环"。正因如此,水在景观中的运动是可以预见的:

图 2-10　黄山"鲫鱼背"(李维　摄)

图 2-11　黄山天都峰(刘一举　摄)

图 2-12　湘西吊脚楼(程璜鑫　摄)

降水,或者被地表物体截住,或者下渗到地下,或者在地表流动。虽然我们大致知道水运动的阶段(甚至路径),但是要弄清楚以下问题就不那么简单:水在场地里(景观中,或规划区)会停留几分钟、几小时或是几天;以什么速度流向哪里;在景观中怎样被使用最为合理。观察景观时你可以寻找许多和水相关的线索,比如地形决定汇水范围、形成径流的路径,植被都生长在适于自身生存的环境中。这些不仅是线索,更是规划设计的依据——排水通道不能建房,植被品种选择要适应水环境……

自然界中许多植物结伴生长,人们常以此命名某个生态系统,如森林生态系统(图 2-13)、海洋生态系统(图 2-14)。在识别场地中的植物时,先从认识的种类开始,比如森林生态系统中的乔木。如果你发现了一片经常生长在一起的植被(或许还有动物栖息),就为找到其他线索提供了一个平台。例如,如果是乔木,那可能还有林下的灌木和草本植物;如果有被咬掉的树枝(或是某种粪便),这表明周围还有一群动物。或许你还可以找找不会生长在乔木林里面的植物。如果你发现了某些"异常状态",说明此地区已经有入侵生物种类。自然景观也许从此不再"自然"(原景观受到影响,失去原有的自然状态),或许你可以称之为另一种自然状态(新景观的形成)。

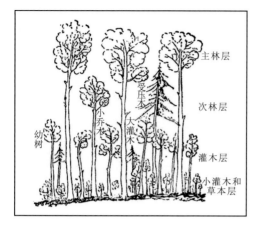

图 2-13 森林生态系统

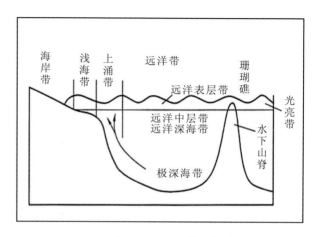

图 2-14 海洋生态系统

景观中的土壤是多年来地形、气候、水、生物共同作用的结果。随着时间的推移各种变化过程把地表的物质(土壤母质)分开,添加有机物和养分,最终形成了可以识别出结构的土壤类型。我们可以观察到,低洼的地方有更多的细颗粒,而山顶很少有这些土壤。同样,在布满植被的地区,土壤会有更多来自腐败叶子和植物组织的有机物。土壤的构成极大地影响了它的排水能力,比如沙质土不能存水,水会很快通过;黏土则可以很好地存蓄水分。如果你想在雨后马上就能使用一片场地(比如足球场或是高尔夫球场),你会怎么做设计呢?

人类的定居活动几乎使所有的自然生态系统都消失了,取而代之的是城市、乡村等人文景观。一些残留的小片原始生态系统零星分布于人文景观之中,其边界还受人为影响,比如中国地质大学(武汉)西校区的围墙、北校区多乐街共同控制着南望山的森林界线。人类环境中的地形变化、地表覆盖被改变,植物群落一般被简化,依靠复杂生态系统存活的动物随着栖息地的丧失而消失。虽然人类对自然生态的影响是巨大的,有时也是毁灭性的,但也并不全是负面影响。人类对自然的优化调控也创造了无数值得称道的实例,比如都江堰水利工程造就了天府之国,大熊猫保护基地使濒临灭绝的国宝有了繁衍的可能;人类社会经常把发生过历史事件的建筑或景观保护起来,比如武汉首义公园保护着武昌起义的众多历史古迹,南京大屠杀纪念馆铭记着战争的罪恶,这些保护活动又产生了蕴含历史文化的新景观。

景观的演变,随着时间的推移,景观要素不断变化。人类在景观的 5 种物质组成(地形、气候、水、生物、土壤)中活动,并创造了景观中的社会文化部分。大多数地区人类活动与其他景观要素相互作用始于农耕,此时的人类作用并不比其他动物强多少;但是工业化之后人类对自然界的影响越来越大,已经超过了所有动物,人因此常被认为已经与自然界分离。

景观规划师的主要任务是为人类参与自然过程(包括改变自然景观、构建人文景观)提供合理的建议。这些建议会受到社会、文化、经济、政治、宗教、功能、美学及许多其他方面的影响。无论如何,任何规划、设计都应该建立在场地自身的生物和物质基础之上,这样才能使场地未来的使用顺应自然进程而不是反其道而行之。即使你想"逆天而行"以改变不宜人居的自然状况,也要以场地的景观要素为设计基础。

第三节 景观评价方法简介

按照环境影响评价的思维逻辑,景观评价的目的在于规范景观的规划和管理、促进景观建设项目的改进、加大资源的有效利用。景观评价是为人服务的,是为了创造或保护良好的景观环境,使整体环境更加有利于人的生存和发展。

从20世纪60年代开始,景观评价研究逐渐形成了四大学派:专家学派(Expert Paradigm)、心理物理学派(Psychophysical Paradigm)、认知学派(Cognitive Paradigm)和经验学派(Experiential Paradigm)。经过半个世纪的发展,景观的评价方法开始转变为三种类型:一是侧重于"景"的研究,成为详细描述法,包含形式美学模式和生态模式;二是侧重于"观"的研究,成为公众偏好法,包含认知模式和经验模式;第三种是二者并重的研究方法,称为综合法。评价方法、指标以及理论基础和关键步骤,归纳总结如表2-1。

表2-1 景观评价方法、指标及理论基础

方法分类	评价方法	指标要素或指标类型	理论基础或关键步骤
侧重于"景"的详细描述法,又称专家法	形式美学模式	形态、颜色、线条	对美学要素进行分析或价值判断,然后分类、分级
	生态模式	空间结构、生态功能	景观的品质与自然环境系统的完整性相关
侧重于"观"的公众偏好法	心理模式	主观感受:愉快、刺激。客体感受:生动性、神秘性	一般采用知觉偏好法测量直觉主体的感受,主要通过照片来测量相关的心理变量
	认知模式	生存需要指标 情感联系指标	关注认知的心理过程和原因。通过问卷调查、默画地图、访谈等方式收集公众对景观的感知信息
	经验模式	个人经历、体会和感受	把人对景观的价值判断看作是人的个性及其文化、历史背景、志向和情趣的表现
"观景"综合分析法	心理物理模式	景观感知的主客观关系	心理物理模式就是对客观景观和视觉主体感受的结合,以行为主义心理学的理论为基础,运用心理物理学的方法,寻找并解释主观、客观之间的联系

形式美学模式、生态模式侧重于对景观的物理特征进行分析研究;心理模式、认知模式、经验模式侧重于对视觉主题的主观感受进行分析研究。心理模式和认知模式都肯定了人在景观价值中的主观作用,而经验模式则把人的这种作用提到了绝对高度。不管是侧重于"景"的评价,还是侧重于"观"的评价,在解释观景的主观感受与客观景物之间的联系时都显得不足。心理物理模式则是试图弥补这种不足,所以一般用作研究工具,配合专家法和公众偏好法一起进行景观评价。

第四节 景观评估的步骤

景观评估最重要的就是遵循一个清晰、经得起推敲且能够重现的过程。步骤就是评估过程中的一系列环节。比如,你可以很容易地描述进入景区前获得一张门票的过程。其中的一系列过程可能如下。

(1)进入景区游客中心,抵达购票窗口。
(2)对售票人员说:"门票一张,谢谢!"
(3)询问价格,并付款。
(4)接过门票。

你可以多次重复这个过程,而且每次都能获得门票。其他人也可以按照你描述的步骤很容易地获得门票,我们说这个步骤是"可靠的""有效的"。

同样的,如果你要评估某区域的自然景观,步骤可能是这样的:

(1)搜集有关场地的图纸、照片和出版物,从中找到一些描述该地(通常是更大区域的、可作为有关场地的背景脉络)地形、水文、植被、土壤、气候、动物及生态环境、当前使用状况等方面的资料。

(2)获取场地及周边地带的高分辨影像(或者航拍照片)。通过三维影像资料,简单快捷地熟悉场地。找到关键的道路、高地、河流、森林及重要构筑物。初步识别生态类型、树种、建筑高度、密度等信息。

(3)复制重要图纸、照片等资料,实地勘察走访。通过观察、测量以及与当地居民交谈来验证已出版的数据是否准确,待评估景物及其特色有无变化,并尽可能地搜集有关场地的其他信息和有关评估项目的居民意愿。如果任何有关场地的敏感和重要的问题超出了自身专长,咨询有关专家。

(4)制作有关场地不同景观元素的分析图,撰写一份清晰简洁的报告。图纸应该包括:地形、土壤、水文、植被、野生动物、小气候、土地使用,以及一些独特的和重要的其他内容。报告应该包括:取得以上信息的所有方法和步骤、场地资源与环境状况、对图纸的补充说明,还包括场地所有重要方面、潜在机会和局限性、使用场地的建议。

(5)场地分析,识别、描述景观和评估景观单元。包括制定一个框架来判定每个景观单元可以被使用的可能性和事宜性。可能性和适宜性分析的结果应该总结成一张图,来表达你对场地的各个部分最合理使用功能的建议。

景观评估为景观规划以及接下来的设计过程提供理论依据和科学基础。如果业主已经对场地的使用有了想法,规划与设计即是将业主的需求和场地的潜质结合起来并支持那些使用功能。从这以后创造性的规划和设计将是主角。

课后习题

1. 景观在地理学上的涵义与一般而言的涵义有何异同?
2. 自然景观与人文景观要如何进行组合才能提升景观整体的美感?
3. 针对不同游客的审美能力,在塑造景观时应注意哪些问题?
4. 景观有哪些组成要素?
5. 景观评价的方法有哪些?有哪些评价指标?
6. 有哪些因素会影响景观视觉?
7. 以最熟悉的一个景区为例,分析其可以给游客的不同美感。
8. 试述以古诗词为代表的非物质文化是如何对景观产生影响的。

第三章　景观地貌的约定

不论是针对地貌的"少见多怪",还是关于景观的"美而不同",景观地貌给我们留下了无限的遐想空间。有人不禁要问,景观地貌学究竟要研究什么?景观地貌学将地貌看作一种特殊的景观,其主要目的是引导我们去欣赏这种景观,去了解这种景观,与地貌相识、相知、相爱。只有这样,才能更好地为景观规划提供地貌学依据。景观地貌学包括两方面内容:其一,从地貌形态、成因类型、控制因素等方面提供基础知识,帮助我们认识地貌这种景观;其二,从美学角度展示地貌的景观美,从景观特征角度将地貌归类,以便于我们描述地貌、传递地貌的形态美和科学美。或许你可以这样概括:世界好奇妙,我想去看看。

地貌景观很奇妙,激发了人们的种种冲动。或是将地貌作为科学问题去观察、去研习;或是将地貌作为景观去欣赏、去游历;或许仅是一颗猎奇心带着大家去找寻各自的美梦。无数的冲动,众人的"寻梦"过程,也恰好成就了当今红火的旅游产业。于是乎,我想去看看,还想再去看看。人们不约而同向往之,故地重游之意甚浓。然而景观有限,某种奇特的地貌景观只此一处,此时地貌空间狭小,世界不再大,怎么办?景观需要描述、需要记录和传递,景观地貌需要保护、规划和合理利用,景观地貌学应运而生。

本章探讨应用地貌学新兴学科方向景观地貌的一些相关理念,界定一些学术概念,并划分景观地貌的类型,为后续景观地貌的分类型展示提纲挈领。主要包括以下几个关键问题。

(1)景观地貌的学科性质是什么?
(2)景观地貌的学科任务、课程目的如何把握?
(3)景观地貌如何分类?

左图,冰川地貌(山地景观);右图,岩溶地貌(丘陵景观)

第一节 景观地貌的定义

随着时代的发展和科学技术的进步,对于景观各个学科也产生了不同的理解。地理学家把景观作为一个科学名词,定义为一种景象,如城市景观(图3-1);或是综合自然地理区,如草原景观(图3-2);或是一种类型单位的统称,如森林景观(图3-3)。艺术家把景观作为表现与再现的对象,等同于风景;建筑师则把景观作为建筑物的配景或背景;生态学家把景观定义为生态系统或生态系统的系统;旅游学领域则把景观当作一种资源。

图3-1 城市景观

图3-2 草原景观(冯稳 摄)

图3-3 森林景观

广义的景观即为"所视"(即所看到或感知到的一切),地貌即为"所在"(解释为所处之处的空间形态)。以赏景过程为依据,若赏景之处即景观地貌(空间概念),那么景观地貌可以定义为"所视之人之所在"(宏观概念);若所赏之景即景观地貌(类似于风景概念,是地貌的某个局部),那么景观地貌即为地文景观,是具有美学功能(包括科学美感)的特殊地貌形态。

景观地貌的宏观概念是观景人所处的空间状态,包括所有景观要素和景观周围的环境要素,比如地形、气候、水、生物、土壤、社会文化等。景观地貌的广义表达,更接近于地理学中的空间单元,是一个可以感知美的地理空间。人在空间中活动,通常有两种相反的状态:一种是享受空间带来的便利与福利,另一种是忍受空间造成的阻碍甚至灾难。这里的"享受"与"忍受"可认为是以感知为中心的人与空间的两种关系。如果再以空间为中心考虑人类活动是否带来自然景观的优化或是恶化,两个方面综合起来即对应地理学命题"人地关系"和谐与否的两种状态。

　　景观地貌的狭义表达,更接近于国家地质公园规划标准中的地貌景观,是具有美学价值、科普价值或是科学价值的一部分地貌遗迹,是地球历史的记录,地壳运动、地貌演化的遗存。本书的景观地貌泛指"地景",是指地球内、外营力综合作用而形成的各种现象与事物的总称,包括微观层面的矿物晶体、美丽岩石、稀有的古生物化石(图3-4),中观层面的极具科学内涵的重要地质剖面、典型的构造遗迹(图3-5),也包括宏观层面的山地景观、峡谷景观、丘陵景观、平原景观、海岸与岛礁景观(图3-6)。相近术语有地文景观、地质景观,相关术语有大地景观、自然景观。

图3-4　微观地貌景观:海百合化石(广东省博物馆)

图3-5　中观地貌景观:沉积层理
(程璜鑫　摄)

图3-6　宏观地貌景观:惠东双月湾(于吉涛　摄)

在前人地貌及地貌景观分类研究的基础上,根据观景的视域范围,结合地貌景观的形态与成因特征,将景观地貌分为中微型地貌、山岳地貌、峡谷地貌、丘陵、平原及其他陆地地貌、水体景观地貌、海岸及岛礁景观地貌6个大类18个类型,如表3-1所示。

表3-1 景观地貌类型划分表

基本类型 (景观地貌大类)	按划分原则(形态、成因、物质基础)与归类(景观类型)	细分举例 (景观地貌亚类)
中微型景观地貌	岩石矿物类	宝石与玉石、观赏石、其他矿物晶体
	古生物遗迹类	动物化石、植物化石、古生物活动遗迹
	地质遗迹类	地质剖面、矿床、构造形迹
山岳景观地貌	岩石类山岳景观	花岗岩山岳景观、碎屑岩山岳景观、岩溶山岳景观、土状山岳景观
	形态类山岳景观	山峰(堡状山峰、塔状山峰、穹状山峰)、山岭(刃状山岭、屏风状山岭、廊柱状山岭、墙状山岭)、山崖,石门、石柱
	成因类山岳景观	火山、山岳冰川、构造山地
峡谷景观地貌	构造峡谷类	裂谷、向斜谷、地堑谷地
	河流峡谷类	V形谷、隘谷、嶂谷、峡谷、宽谷
	其他特殊谷地类	谷中谷;坡立谷(岩溶盆地)、盲谷、干谷;冰川谷、悬谷
丘陵、平原及其他陆地地貌	丘陵景观	高丘陵、低丘陵
	平原景观	高原型平原、盆地型平原、低平原
	荒漠景观	岩漠、砾漠、泥漠、沙漠、盐漠
	洞穴景观	岩溶洞穴、火山颈、岩浆通道、冰臼
水体景观地貌	河流景观	河床、河漫滩、河流阶地、心滩、沙洲、风景河段
	湖泊及沼泽景观	咸水湖、淡水湖、断陷湖、火山口湖、潟湖、冰斗湖、牛轭湖、堰塞湖、中国名湖(自然与文化景观的结合),低位沼泽、高位沼泽、泥炭沼泽、盐沼景观
	泉水景观	热泉、温泉、冷泉、中国名泉
海岸及岛礁景观地貌	海岸景观	海蚀穴、海蚀崖、海蚀柱、海滩、沙嘴、沙坝、砾石堤、海积阶地,红树林海岸
	岛礁景观	半岛、离岸岛、环礁、堡礁、生物礁、珊瑚礁、牡蛎礁

第二节　景观地貌的空间表达

景观作为视觉审美的对象,在空间上与人分离,表达了人与自然的关系、人对土地以及土地上的所有物质形态的态度、人对人工构筑(包括城市、乡村等)的态度。景观作为人类的栖息地,是体验的空间,人在空间中的定位和对场所的认同,使景观与人一体,包含人类和其他生物生活的空间和环境。

人类活动需要占据一定空间。人类占据空间的同时感知空间,并获取相关信息,从而调整活动方案以期获得更好的活动享受。景观地貌的空间表达侧重于观景的范围、景观的形态大小,并从地貌景观的形态特征、成因类型角度进行区分和归类。

景观地貌的空间表达有大小之分。一个国家、一个社区,或是社区里的运动场,或是运动场的跑道,或是运动场边的长椅都是景观规划设计中要考究的"空间"。国家、省域、县域、社区等较大范围的宏观空间,我们称之为区域尺度的空间。像运动场这种社区中的特定土地利用类型斑块,我们称之为邻里尺度的空间。而运动场边的某个长椅,则属于细部尺度的空间(或称细部空间)。这些都是景观地貌学要考量的空间范围或是视域尺度。

不同尺度的空间研究,侧重点不同。针对社区这一区域尺度,景观地貌的研究,尤其是景观地貌的规划应用主要考虑土地利用、景观规划、交通及居民服务等基础设施配套,以及生态环境、生态栖息地等项目。区域尺度的地貌景观规划研究更多地侧重于考虑人与空间的关系,包括所在空间的地形、植被、气候等自然因素和外部关联空间的交通区位、经济关联等社会因素。针对社区中某运动场这种特定场所空间,在邻里尺度上考虑景观规划,主要关注众多特定场所(比如运动场、住宅、停车场等)的范围及布局,其中不同场所之间的相互关系是重点(其主要矛盾是空间功能矛盾,反映的是空间与空间的关系)。从规划设计角度考虑运动场边的长椅,长椅的数量多少以及空间布局问题可看作规划范畴;长椅的细部特征(材质、结构、颜色、工艺等)则是设计范畴,属于细部空间尺度问题。细部空间显示的是设计师细致的艺术表现手法和施工人员精湛的技艺,表现的是景观中个体要素的特征与功能。简而言之,从区域尺度、邻里尺度到细部空间尺度,景观规划研究的侧重点从宏观人与空间的关系、空间与空间的关系逐步细化为具体的空间特征和空间功能问题。

与景观地貌相关的规划空间隐含着重要的时间要素,准确的表达应该是"时空"。以地理学的时空观表述,景观规划的范围和对象是某段时间内的某个空间。于是,我们形象地认为"景观规划其实是人与时空的一种约定"。此"约定"的目的是为了人类社会更好地、更长久地"享受"地貌空间,其形成是"人为"的。针对此观点的前半部分有些学者持有不同意见,比如认为自然保护区规划是为了保护自然生态系统或是生态系统中的某类珍稀物种,而不是为了"人去享受此空间"。在长时间轴上看自然保护区规划,或许你可以认为这种保护是为了给后辈人留有余地,留有足够的原始空间供他们将来享用。在此"约定"的制定过程中(规划编制过程),通常以所在空间过去某时间段的自然环境状况、社会经济数据为基础(相关内容包括规划地自然条件、社会经济背景,基准年选择),预测将来某段时间内的社会需求(包括规划年限、阶段,以及此阶段的社会经济发展),从而规划从此刻起的某段时间内的各空间用途(包括空间功能、范围或规模及空间布局等)。

景观地貌作为游客游玩、观赏、获取知识与心理享受的重要空间,是体现设计美学、观赏价值、舒适度、表达景观文化的重要元素。在景观地貌侧重的应用领域,特别是对现代景观地貌的规划过程,不仅要在景观规划时给人们提供优美的景致、深远的意境,也要在景观服务的基础上提倡人性化设计。

第三节 景观地貌的内容及特色

　　景观地貌的研究基础分两方面来把握:其一,理解景观服务,即了解地貌空间及其作为景观的现实价值和意义;其二,应用于景观规划,即为景观规划提供必要的支撑,包括地形、气候、植被以及文化、经济等多方面要素。景观地貌的研究领域,含空间中自然及人文两方面的景色。景观服务是为了体现地貌空间对人类社会的价值,景观规划则是为了更好、更充分、更长久地展现这种价值。

　　景观地貌以视觉美学(特别是景观地貌的形式美,包括色彩、形状、线条及其组合规律所呈现出来的审美特性)为主要对象,从景观服务角度来满足游客视觉和精神上的需求。景观服务的概念强调了空间格局的重要性、各服务功能的综合作用结果以及服务使用者与服务提供的空间位置关系。景观地貌的学科目的是考虑景观格局的特征化区分景观类型,并能以地貌要素表达出景观服务传递过程的特殊性,且能够联系到人类价值并应用到决策中。

　　景观地貌以地球科学的自然规律为基础,即运用传统地貌学原理从地貌成因特征中归纳地貌景观的特色,解释地貌景观的科学内涵,展示地貌景观的科学美。比如地貌上大的断层,由于岩石破裂后两侧岩石发生显著的相对位移,常常形成裂谷(如著名的东非大裂谷)和陡崖(中国华山北坡断层崖)。地貌成因造就了断层崖的景观特色:相对垂直的断崖面,相对大的海拔差异。通过地貌景观成因的方式,不难看出这样的地貌景观最大的特色就是角度的"惊险"。那么如何阐释地貌景观的自然美?不妨近距离地和断层崖来个亲密接触。相信走过断层崖上的栈道(图3-7),一定会对这地壳运动的轨迹印象深刻。景观地貌按照断层崖"成因—特色—美"的逻辑层次,通过归纳成因挖掘断层崖地貌中的景观特色,又反过来使得人们通过景观的时空感知体验,在认知断层崖地貌特色的基础上,延伸到对地貌知识的理解,经历"感知—知识揭秘"的过程,充分实现景观的服务功能。

　　又比如由红色砂砾岩构成的丹霞地貌景观。产状水平或平缓的层状铁钙质混合不均匀胶结而成的红色碎屑岩(主要是砾岩和砂岩)组成的红色地层,在喜马拉雅山的造山运动中,蜕变出层次丰富的"红色"地貌,呈现出独特的"丹崖赤壁"景观(图3-8)。

　　丹霞地貌夸张的色彩和独特的形状特征,决定了丹霞地貌的欣赏方式和断崖层截然不同。区别于近距离的游步道体验,丹霞地貌更适合远距离的眺望。大面积的色彩冲击,加上远远望去有几分抽象的形状,让丹霞独特的景色尽收眼底。

　　地貌资源根据自身成因、空间格局的不同,具有各自独特的"脾气"和"秉性"。那么如何从不同角度、不同高度去欣赏、拍摄、描绘,如何用不同方式去展现地貌景观的美,这需要我们对地貌不断地研究和了解,用科学的角度去学习、归纳、整理资源。只有足够熟悉,才会有足够的"灵感"。任何对自然、对社会、对历史文化的感知,都是灵感的源泉。所以后续景观地貌的分类,将会系统地为我们展示不同地貌的"前生今世",以便于更好地规划利用大自然赐予我们的"美"。

图 3-7 断层崖上的游步道（李维 摄）

图 3-8 张掖丹霞地貌的色彩（程璜鑫 摄）

1. 景观地貌的学科性质是什么?
2. 如何把握景观地貌的学科任务、课程目的?
3. 景观地貌如何分类?
4. 地球科学的自然规律对景观地貌有什么影响?

第四章　中微型地貌景观

课前导读

广义的景观即为"所见",指所能看到的一切。将景观资源化,则特指那些可供利用的"美丽"景观。以现代人的眼光来看,"景观"却正在发生改变:其一,"看的能力提高了"。由于科技的进步,我们可以借助显微镜欣赏微观的景致,还可以借助望远镜、卫星等工具感知远距离的景观;其二,"美的类型增加了"。社会文明的发展,现代人也不再满足于"形与色"式的外观美,不再拘泥于走马观花式的赏景,更多地追求于景观的规律、成景的科学原因,更想从赏景过程中感知自然、获取知识、洗涤心灵。为了满足人们更高层次的享受,景观的科学美亟待挖掘与再现。

世界从来不缺少美,缺的只是发现美的眼睛。我们如何将地质学家、地理学家发现的中微型地貌景观的美展现给普通大众,是本章的主要议题。关键问题如下。

(1)中微型地貌景观包括哪些类型?

(2)中微型地貌景观也有形态美吗?

(3)中微型地貌景观的科学美包括哪些内容?大众主要关注哪些呢?

中微型景观:左图,电气石晶体;右图,铬酸铅矿物晶体

第一节 岩石矿物类景观

岩石(Rock)为矿物的集合体,是组成地壳的主要物质。

岩石是地貌形成的物质基础,也是自然景观的重要组成要素。岩石按成因分为岩浆岩、沉积岩和变质岩。一些岩石可用作建材,比如大理岩岩面质感细致,常用作壁面或地板,再如花岗岩、板岩、安山岩、石灰岩等也常用作石柱、地砖、围墙,或是石雕。一些岩石因含有某些矿物成分,而用做提炼金属,作为资源常被称为矿石。

矿物(Mineral)是组成岩石和矿石的基本单元。

矿物是我们肉眼能观察得到的最小的地貌景观(图 4-1、图 4-2)。这些微小型的景观,有些稀有得价值连城,有些美丽得楚楚动人,有些实用得不可或缺。比如宝石,即是具有坚硬、稀有、耐久且颜色美丽特征的矿物,常被用来作装饰品,主要包括钻石、刚玉、蛋白石、水晶等。

图 4-1 显微镜下的胆矾晶体①

图 4-2 肉眼所见的矿物晶体

宝石,是珍贵天然石质物体的总称。从景观价值角度概括:凡色泽瑰丽(视觉美感)、硬度较高(美的持续时间)、产出稀少(珍稀程度)、能制成首饰或工艺装饰品(使用价值)的矿物和岩石都可以称作宝石。

狭义上的宝石专指可用于制作贵重首饰的矿物晶体;广义上宝石包括玉石、彩石和有机质珍珠、珊瑚、琥珀以及人造宝石等。已知的可做宝石的矿物就有约 200 余种,最珍贵的宝石矿物有金刚石(即钻石)、祖母绿、翡翠、红宝石、蓝宝石、变石(它具有在阳光下呈绿色,在烛光和白炽灯下呈红色的变色效应)等;其次为海蓝宝石、橄榄石、碧玺、黄玉等;再次为紫晶、绿松石、欧泊、锆石、石榴子石、玉髓、玛瑙、碧玉等。

当今首饰市场上使用的宝石材料,可按人工介入程度的不同将其分为 6 种:真正的天然宝石、经人工改良的天然宝石、合成宝石、人造宝石、模拟宝石和黏合宝石。景观地貌不仅视宝石为珍贵的旅游景观,还是极为重要的旅游商品。

---

① 胆矾晶体.[2015-10-21]. http://www.astronomy.com.cn/bbs/thread-166200-1-1.html.

钻石(Diamond)：又称金刚钻，矿物学名称为金刚石(图4-3左图)。化学成分为碳，为碳的三角架状结构体，是自然界最硬的矿物，硬度为10。折光率高达2.4，几乎可以把所有的光反射出去，发出五颜六色的闪光。金刚石主要产自金伯利岩及其次生砂矿岩中，主要产地有刚果、南非、俄罗斯、澳大利亚等国。判定金刚石的质量有四项标准，即纯净度、颜色、重量(以克拉计算，200mg为1ct)、磨工。钻石不仅可以用作宝石装饰，如钻戒(图4-3中图)还因为其硬度较大，成为精坚仪器的钻头。

祖母绿(Emerald)：又称吕宋玉、绿宝石(图4-3右图)。一种翠绿色半透明的绿柱石，成分含铍铝的硅酸盐，玻璃光泽，硬度为7.5，硬而脆，易碎。以纯净的翠绿色和透明无瑕者为上品，同钻石、红宝石、蓝宝石并称世界四大珍贵宝石。主要产地有哥伦比亚、巴西、俄罗斯。

图4-3 左图，钻石晶体；中图，钻石戒面；右图，祖母绿晶体(据陈安泽，2013)

红宝石(Ruby)：红色的刚玉。因含微量元素铬而呈红至粉红色。以透明度高的血红色者为佳，称"鸽血红"(图4-4)，是稀世珍品。红宝石形成于某些岩浆岩和变质岩中，也产于河床砂砾层。主要产地有缅甸、斯里兰卡、泰国、澳大利亚等国。天然红宝石非常稀少，但是合成红宝石并非太难。工业用红宝石都是合成的，合成的红宝石也让更多人得见珍稀景观。

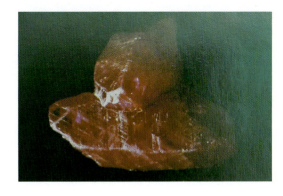

图4-4 红宝石(据陈安泽，2013)

蓝宝石(Sapphire)：除红宝石以外的其余各色宝石级刚玉统称为蓝宝石。化学成分为三氧化二铝，因含微量元素钛或二价铁而呈蓝色(图4-5)。中国山东省昌乐县被誉为"蓝宝石之乡"，建有中国宝石展览馆，占地8000km²，馆内广泛收集了世界各地蓝宝石产品，并大量采用声、光、电等现代化高科技手段，形象直观地向人们展示蓝宝石的悠久历史和晶莹璀璨。它是一个集宝玉石文化普及、标本展览于一体的大型蓝宝石博览馆，也是从矿物到景观的转变。

翡翠(Jadeite)：矿物学上称硬玉，为钠铝硅酸盐辉石矿物的致密块状、纤维状微晶集合体(图4-6)。半透明至不透明，硬度6.5~7。根据绿色的色调、亮度与饱和度，翡翠可分为祖母绿、苹果绿、葱心绿、菠菜绿、油绿、灰绿六种。市场上分为翡翠A货(天然产出)、翡翠B货(经人工处理后再充填树脂)、翡翠C货(经染色处理而无物质充填)、翡翠B+C货(既染色

图 4-5 蓝宝石晶体

图 4-6 翡翠原石

又充填)。

水晶：为透明度高、晶型完好的石英晶体(图 4-7)。水晶属于石英类的显晶质一类,化学成分为二氧化硅,可含有微量的铁、锰、镁、铝、钛等杂质。根据颜色、包裹体及工艺特性可分为：水晶、紫晶、黄水晶、烟晶、茶晶、蔷薇水晶、黑晶、发晶等。主要产于石英脉和花岗伟晶岩脉的晶洞中,分化后可形成残积、冲积砂矿。我国的主要产地为山东东海、海南岛。

图 4-7 水晶晶簇(中国地质大学逸夫博物馆)

玉石,是质地细腻、色泽温润、抗磨损破损性好的石质物体统称。

矿物学上将玉石分为软玉和硬玉两种。硬玉专指翡翠,被归入宝石系列。平时所指的"玉"多为软玉。从矿物学的角度,软玉指含水的钙镁硅酸盐,硬度为 6.5,韧性极佳,半透明到不透明,纤维状微晶集合体。从工艺美术和商品出发,凡石质温润,能制成饰品者皆可称为玉,例如：辽宁岫岩产的蛇纹石岫岩玉,甘肃张掖产的蛇纹石张掖玉等。

中国是世界上开采和使用玉石最早的国家。辽宁阜新市查海遗址出土的透闪石软玉玉块,距今约 8000 年(新石器时代早期),是全世界至今发现的最早的玉器。有文字记载的用玉制作器具,周朝已开始。玉文化的发展是随着中国文化历史演变而不断得到丰富的,玉石在赋予了文化价值后变得更为珍贵。和田玉、岫岩玉、独山玉、绿松石这四种玉石曾被称为中国四大名玉(图4-8)。

和田玉：软玉的一种，中国著名的玉石，因产于新疆和田而得名。矿物成分主要是以透闪石、阳起石为主的隐晶质集合体，原生矿物产于酸性火山岩含镁碳酸盐岩接触带，经河水搬运成为卵石和田玉。和田玉按照玉质颜色不同可分为：白玉、青玉、墨玉、黄玉四种。

岫岩玉：蛇纹石玉的一种。产于辽宁省岫岩县的一种软玉，主要成分是豆绿色纤维状蛇纹石，质软。颜色有淡绿、淡黄、果绿等，半透明或不透明体，表面有脂肪般的光泽。是我国利用较早的玉材，且产量较大。

独山玉：又称南阳玉，产于河南南阳独山的一种软玉。主要组成矿物有斜长石、黝帘石，具有交织变晶粒状结构。硬度大致为6~6.5，密度为2.73~3.18g/cm³。玻璃—蜡状光泽，半透明—不透明。产于辉石岩体内的斜长石经过黝帘石化、绿帘石化交代作用而形成。独山玉有着悠久的开采和使用历史。

绿松石：为铜和铝的磷酸盐，常呈隐晶质块体，或结核体，深浅不同的蓝、绿等颜色，硬度为5~6，蜡状光泽，质地细腻。绿松石在新石器时代就已经同青玉、玛瑙等用作装饰品了。我国质地最优的绿松石产于湖北省郧县，中外著名。

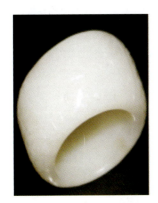

图4-8 中国四大名玉(从左至右)：和田玉、岫岩玉、独山玉、绿松石(据丁安徽，2013)

观赏石，又称奇石、雅石、美石等。是指具有观赏、纪念价值的天然石质物体的总称。通常具有外形奇特、色泽艳丽、质地坚韧、性能稳定、美自天成的特征，给人美感，可供赏玩，具有经济、文化、科研和收藏价值。

岩石、矿物、古生物均可形成观赏石。它蕴含着自然奥秘和人文积淀，并以天然丽质、稀奇古怪为特色。种类繁多，命名尚无统一规则，诸如地名石、象形石、色彩石、文化石、成因石(岩石、矿物、化石)、景观石、工艺石等。观赏石是重要的旅游玩赏对象，也是重要的旅游商品(图4-9)。

灵璧石：隶属于玉石类的变质岩，为隐晶质石灰岩，由颗粒大小均匀的微粒方解石组成，因含金属矿物或有机质而色漆黑或带有花纹。产于安徽省灵璧县磬云山，因而得名。灵璧石肌理缜密，质素纯净，不仅坚固稳重，而且抚之若肤，具有较好的收藏、观赏价值。

印石：又称印章石，不单指其中某一种石材，亦指可以刻制印章所有的石材。印章石是中国特有的一种艺术形式。早在3000多年前的殷商时期，印章石即作为权利的象征和交往的凭

图 4-9　观赏石：左图，灵璧石摆件；右图，寿山石摆件（据陈美华，2008）

证，已开始在社会上流通。由于文人的积极介入和印材的多质化，逐渐演变成为一种具有综合价值的观赏石。中国四大印石为寿山石、鸡血石、青田石、巴林石。

寿山石：一种含水铝硅酸盐，主要成分是叶蜡石和地开石。呈致密块状构造，有的具有特殊条纹，质纯者色白，含杂质者则呈红、紫红、橘黄、褐黄、黄白等色，呈现较弱的蜡状光泽，具滑腻感，不透明至微透明，个别近于透明，硬度 2～3。因产于福建省福州市北郊寿山乡而得名。经过 1500 年的采掘，寿山石涌现的品种达百数十种之多，文明中外。寿山石天生丽质，在自然状态下，石形不易变，石色不轻改，具有较好的收藏价值，除大量用来生产千姿百态的印章外，还广泛用以雕刻人物、动物、花鸟、山水风光、文具、器皿及其他多种艺术品。

鸡血石：主要由地开石、高岭石和辰砂组成，因其中的辰砂色泽艳丽，红色如鸡血，故得此名。该石呈致密块状构造，一般为土状光泽，质优者呈油脂光泽，微透明至半透明，硬度为 2.5～3。鸡血石中红色部分称为"血"，红色以外的部分称为"地""地子"或"底子"，可呈多种颜色，有鲜红、淡红、紫红、暗红等，最可贵的是带有活性的鲜红血色。因产量少而价值高，主要被用作印章及工艺雕刻品材料，也为收藏品（图 4-10）。

图 4-10　观赏石：左图，鸡血石；右图，巴林石（据郭颖，2012）

青田石:是一种变质的中酸性火山岩,叫流纹岩质凝灰岩,主要矿物成分为叶蜡石,还有石英、绢云母、硅线石、绿帘石和一水硬铝石等。颜色很杂,红、黄、蓝、白、黑都有,岩石的色彩与岩石的化学成分有关。岩石硬度中等,玉石含叶蜡石、绢云母、硬铝石等矿物,所以岩石有滑腻感。主要出产于浙江省青田县山口镇,故称之为"青田石",属于叶蜡石的一种。主要用作观赏石,印章雕刻和石雕工艺等。

巴林石:巴林石隶属叶蜡石,是富含硅、铝元素的流纹岩,受到火山热液蚀变作用而发生高岭石化形成的石质细润,摩氏硬度2~3,透明度较高,色泽斑斓,有黄、白、红等不同颜色。因开采于内蒙古的巴林矿而得名。巴林石质细腻,温润柔和,硬度却比寿山石、青田石、昌化石软,宜于治印或雕刻精细工艺品,为上乘石料。

第二节 古生物古人类化石类景观

化石指保存在岩石层中地质历史时期生物的遗体、生命活动的遗迹以及生物成因的残留有机分子。包括实体化石、模铸化石、遗迹化石和分子化石。

古生物古人类化石景观,是指具有旅游开发价值的古生物与古人类化石的总称。

古生物与古人类化石是研究地球生命起源和演化的重要物证。许多造型奇特、外观美丽的化石是旅游者喜爱的景观对象,众多旅游景点也因古生物遗迹所在地而兴起,例如四川自贡的恐龙遗迹公园、辽宁朝阳的龙鸟化石、北京房山的北京猿人遗址等。

叠层石:前寒武纪未变质的碳酸盐沉积中最常见的一种"准化石",是原核生物所建造的有机沉积结构。由藻类在生命活动过程中,将海水中的钙、镁碳酸盐及其碎屑颗粒黏结、沉淀而成的一种准化石(图4-11)。随着季节的变化、生长沉淀的快慢,形成深浅相间的复杂色层构造,可用于解读叠层石中丰富的古环境信息。

辽宁古果:为一白垩纪早期被子植物化石。1996年发现,在一块化石标本上,有一株纤细的、主侧枝呈倒"人"字形的、貌似蕨类植物的枝条,螺旋状排列着四十几枚似豆荚的果实,每个果实中都包藏着2~4粒米粒大小的种子。因采自辽宁朝阳北票故而被命名为"辽宁古果"(图4-12),为全世界的有花植物起源于辽宁西部提供了有力的证据。

硅化木:又称木化石、树化石。地质历史时期中被埋藏在地下的苏铁、银杏、松柏等古乔木,经过硅化作用,仍保持其外部形态与内部结构的树木化石。硅化木可揭示古植物特征和古地理环境,又可用来观赏(图4-13)。

珊瑚化石:海生无脊椎肠腔动物化石。主要类别有皱纹珊瑚、异珊瑚、六射珊瑚、八射珊瑚等。珊瑚虫幼虫为白色,长大后因吸取海水中的铁质便由外皮向内逐渐变成红色。珊瑚死后,与海底物质一起,经过石化作用而变成珊瑚化石。主要产地为贵州、陕西、四川、广西、新疆等地,在地质历史和地层学研究以及古环境恢复等方面有重要意义,同时因其色彩多样,种类较多,进而成为一种观赏价值较高的观赏石。

海百合类化石:一种海生棘皮动物化石,因外形像百合花而得名(图4-14)。从形态上看,化石由根、茎、冠三部分组成,冠部还有花萼与花瓣。但它不是植物,而是棘皮动物的化石。

三叶虫:海生无脊椎动物,节肢动物门中已经灭绝的一个纲。大小不一,小者为毫米级,大者可达数十厘米。三叶虫在寒武纪和奥陶纪最为繁盛,到二叠纪末灭绝,生命历史达3亿年之久。三叶虫身体扁平,披以坚固的背甲,腹侧为柔软的腹膜和附肢。背甲两条背沟,纵向分为头、胸、尾三部分,故名三叶虫。三叶虫化石产在灰岩、泥质灰岩或页岩中(图4-15)。由于三叶虫的发展非常快,因此它们非常适合被用做标准化石,地质学家可以根据它们来确定含有三叶虫的岩石的年代。

图4-11　叠层石:中国地质大学(武汉)校园标本　　　　图4-12　辽宁古果①

图4-13　硅化木[中国地质大学(武汉)化石林]

头足类化石:是软体动物门中高级的一纲动物化石。现存种仅见于印度洋—太平洋地区。因头部有环状分布的触手,用以捕食或爬行、游泳,故名头足类。该类全为海生,开始于晚寒武世,一直延续至今,是一类很重要的标准化石。主要有角石和菊石等(图4-16)。

---

②中国科普博览.热河生物群.[2015-10-21].http://gushengwu.kepu.net.cn/detail.asp?newid=645&max_id=245&min_id=0.

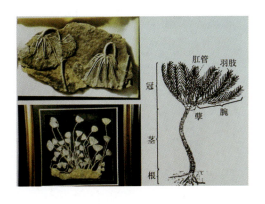
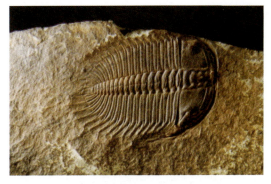

图 4-14　海百合(据陈安泽,2013)　　　　　图 4-15　三叶虫[①]

图 4-16　角石和菊石(据陈安泽,2013)

鱼类化石：鱼类是一种水生脊椎动物,种类繁多,包括无颌纲、盾皮纲、软骨鱼纲、棘鱼纲以及现代硬骨鱼纲。经过数亿年演化,鱼类从兴起到繁盛,在泥盆纪占据了绝对优势,所以把泥盆纪称作"鱼类时代"。

中华龙鸟化石：于辽宁西部晚侏罗世地层的凝灰质粉砂岩中发现了中华龙鸟化石(图 4-17),表明中华龙鸟为小型兽脚类恐龙,为鸟类真正的始祖,有力地支持了鸟类系由小型兽脚类恐龙演化而来的学说,并将原石鸟类演化历史分为四个阶段：中华龙鸟期—始祖鸟期—孔子鸟期—真鸟期。

恐龙类化石：爬行动物中双孔亚纲初龙次亚纲蜥臀目和鸟臀目化石的泛称。恐龙是爬行动物中的一个庞大家族,生活在距今 2.25 亿～0.65 亿年前的陆地上。恐龙既具有重要的研究价值,也是公众最喜欢的古生物化石之一,因此是重要的旅游资源(图 4-18)。

[①] 早古生代.[2015-10-22]. http://baike.haosou.com/doc/4860132.html.

图 4-17　中华龙鸟化石

图 4-18　恐龙化石复原图

古人类是对一万年以前的化石人类的泛称。从猿类到人类共经过：南方古猿、猿人（直立人）、早期智人（古人）、晚期智人（新人）等几个大阶段。除新人与现代人属同一亚种外，都已灭绝。中国发现重要的古人类化石有：元谋人、蓝田人、郧县人、北京人、山顶洞人等。

元谋人遗址：全名为直立人元谋种，中国最早的人类化石遗址。元谋人牙齿化石是在1965年5月1日发现于云南元谋县上那蚌村西北的一个由早更新世元谋组组成的褐色土包下部，故命名为元谋人。

北京人遗址：古人类化石遗址之一。位于北京市房山区周口店镇西，由奥陶纪马家沟灰岩组成的龙骨山岩溶洞穴中。该洞穴内有厚达40多米，从早更新世晚期到中更新世堆积物，可划分为17层，在自上而下的1~11层内发现了古人类化石和大量石器、骨器及用火遗迹、动植物化石。该洞穴因第一个完整的北京人头盖骨的发现而闻名中外。

第三节　地质剖面类景观

地质剖面，又称地质断面，是沿某一方向，显示地表或一定深度内地质构造情况的实际/或推断切面。地质剖面不仅具有科研价值，还有观赏价值，是许多地质公园和自然公园的重要景观。几乎每个地质公园都有不同时代的地层剖面，有的具全球代表性，有的具有全国代表性，有的为地方代表性，它们都成为不同游客的考察或观赏对象。

北京周口店组剖面：为含猿人化石的一套洞穴堆积，由新（上）到老（下）可划分为13层，全部沉积物中富含以北京人、肿骨鹿等94种哺乳动物化石组成的周口店动物群，并有大量石器及猿人用火痕迹。"北京直立人"化石是中国最早发现的直立人化石，故称第一地点为"北京人遗址"。震惊世界的第一个北京人头盖骨发现于本组内（图4-19左图），同时是北京房山世界地质公园的主要景观。比"北京人"更为原始的直立人还有"蓝田人"，又称"蓝天中国猿人"（图4-19右图）。

朝阳古生物化石地质剖面：该地质剖面揭露地层37层，清晰地展现了早白垩世九佛堂组二段的上河首层剖面，是典型的、具有代表性的九佛堂组的重要剖面（图4-20）。热河生物群是世界著名的早白垩世陆相生物群，九佛堂组地质剖面展示的热河生物群晚期群落是其重要

图 4-19 古人类化石:左图,北京周口店直立人头骨化石;右图,蓝田人复原图(据陈安泽,2013)

部分。地质剖面修建过程中,发现了包括鸟类、驰龙、翼龙、离龙、鱼类和一些无脊椎动物化石标本 100 多件。有关专家表示,这些化石标本和地层剖面真实、直观地向世人展示了热河生物群发育晚期的生存环境、地质背景、演化特征,使人们了解到大约 1.2 亿年前后辽西地区的动物、植物生态系统和生态组合及兴衰变化等方面的信息,为人类研究地史、应对未来全球气候变化提供了重要的参考,同时对研究鸟类、真兽类、被子植物起源及早期演变具有十分重要的科学意义。

图 4-20 辽宁朝阳古生物化石地质剖面

第四节 构造遗迹类景观

线理:是岩石中广泛发育的一种具有透入性的线状构造。

根据空间产出尺度,线理可以分为小型线理和大型线理。小型线理产出于强烈变形的岩石中,常见拉伸线理、矿物生长线理、皱纹线理等。大型线理常在变形或变质的岩石中发育,常见石香肠构造(图 4-21、图 4-22)、窗棂构造、压力影构造。

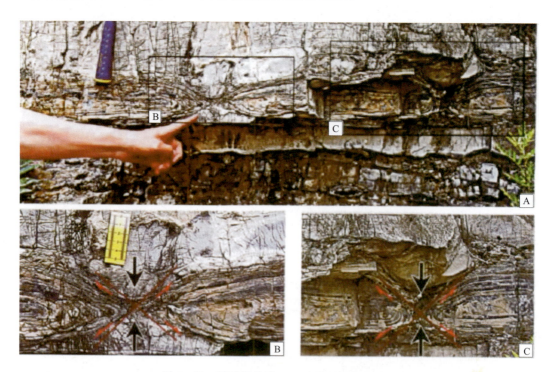

图 4-21　石香肠构造(据苏德辰,孙爱萍,2011)

图 4-22　石香肠构造实景照片(王硕　摄)

节理:是岩石中的裂隙,是没有明显位移的破裂。

根据力学性质,节理分为张节理和剪节理。张节理是张应力产生的破裂面,剪节理是剪应力产生的破裂面。其他较为特殊的还有雁列节理和羽饰构造。雁列节理是一组呈雁行斜列式的节理,是由早期已经形成的张节理又发育剪节理变形形成的,常被充填形成雁列脉(图4-23左图)。羽饰构造是发育于节理面上的羽毛状精细纹饰,一般发育于浅层次的脆性岩石中,是在快速破裂中形成的(图4-23右图)。

图4-23 节理景观:左图,雁列脉;右图,羽饰构造(据苏敏敏,2013)

层理:岩石沿垂直方向变化所产生的层状构造(图4-24、图4-25)。

层理通过岩石的物质成分、结构和颜色的突变或渐变显现。分为水平层理、平行层理、斜层理、交错层理等。交错层理又分为板状交错层理、楔状交错层理、波状交错层理、槽状交错层理。

图4-24 水平层理　　　　　　　　图4-25 交错层理

褶皱:褶皱是岩石或岩层受力而发生的弯曲变形,可分为背斜和向斜。

背斜是核部由老地层、翼部由新地层组成的褶皱,向斜是由核部新地层、翼部老地层组成的褶皱。褶皱的规模差别很大,小至手标本或显微镜下的微型褶皱,大至微型图片上的区域褶皱。褶皱也常形成不同的景观造型(图4-26左图),一些山系发生强烈褶皱,形成壮丽多姿的景象(图4-26右图)。

断层:断层是地壳岩石体中沿破裂面发生明显位移的一种破裂构造。

图 4-26 褶皱景观：左图，背斜；右图，向斜（据曾克峰，2013）

断层的基本分类为正断层、逆断层和平移断层（图 4-27）。正断层是断层上盘相对下盘沿断层面向下滑动的断层，逆断层是断层的上盘相对下盘沿断层面向上滑动的断层，平移断层是断层两盘顺断层面走向相对位移的断层。常见的断层景观有地垒、地堑、单面山、飞来峰和构造窗。

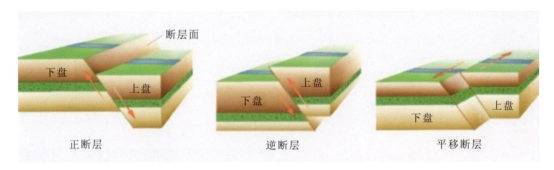

图 4-27 断层示意图[①]

地堑和地垒：两个正断层有一个共同上升盘，则形成地垒。两个正断层间有一个下降盘则形成地堑（图 4-28）。

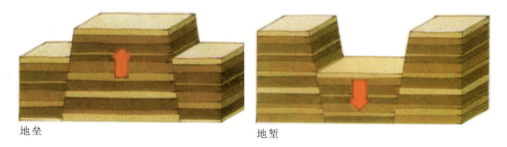

图 4-28 地垒与地堑示意图

---

① 正断层和道断层的特征. [2015-10-22]. http://zhidao.baidu.com/question/1924191465965907987.html

单面山：发育在单斜构造的山地上，破坏了背斜或向斜的一翼。单面山的特征是山体沿岩层走向延伸，两坡不对称，一坡陡而短，一坡缓而长（图 4-29）。

图 4-29 单面山（中国台湾野柳）与单面山式建筑（宜兰兰阳博物馆）

1. 寻找自己认为最美的宝石或玉石，介绍其主要特征及美学价值。
2. 地层剖面现大多用于地质历史时期的研究，在景观观赏方面有什么价值？
3. 许多游客对古生物化石感兴趣并不是因为它的表面美观，更多是注重其稀有性和美学性。请思考景观美学与稀有性和科学性间的关系。
4. 搜索一个以中微型地貌景观为主打景观的地质公园，并描述其作为公园的景观特征。

第五章　山岳景观

课前导读

地面高耸的部分称之为山,高大的山谓之"岳"。古诗云:"登东山而小鲁,登泰山而小天下。"于是,"小天下"成为诸多游客不断追逐的愿景。"横看成岭侧成峰,远近高低各不同",则是不同人群、不同角度对于山景的审视。更有徐霞客的著名论断:"薄海内外,无如徽之黄山,登黄山天下无山,观止矣!"如此种种,关于山岳的记载汗牛充栋。山岳给人带来想要征服的冲动,成为游历山岳的动机,也给诗词歌赋、散文游记增添不少题材。优秀的文学作品,也为后世再次游历山岳赋予了更多文化内涵。

山岳景观是中国风景名胜区的主要构成,是当代居民旅游、健身、休闲、度假的主要场所,也是地理学、地质学、生态学、国画、中草药、国学、艺术等众多学科实践教学的基地。山岳景观不仅是一种自然景观,其蕴含的山岳文化同时兼具自然景色美和社会文化美。大自然与人类文明都以山岳景观为载体,记载了太多的内涵。这些有价值、有意义的内涵如何去挖掘、去展现、去再现是我们的研究课题。

本章要讨论的议题为山岳景观的类型划分,尤其是山岳的岩石类型划分及其主要景观特征。包括以下关键问题。

(1)山岳景观如何分类,分别包括哪些岩石类型?
(2)如何描述山岳景观的形态美?黄山地貌景观的特色如何形成?
(3)山岳景观审美理论中如何体现科学美?

山岳景观(黄山管理委员会　提供):左图,黄山迎客松;右图,黄山北海清凉台

第一节 花岗岩山岳景观

花岗岩山岳景观,是指以花岗岩类岩石为物质基础构成具有旅游观赏价值的山地地貌景观,如黄山、华山、白云山等。

花岗岩类岩石在地理空间上的分布遍及全国,在地质构造上遍及所有造山带,在产出时代上从太古宙到新生代均有发现,在岩石类型上,世界上已知的类型中国几乎都有。由于中国地质构造与气候带的多样性,形成了花岗岩地貌景观类型多样。据不完全统计,中国花岗岩类岩体在万处以上,中国花岗岩地貌景观资源潜力巨大。著名的花岗岩山岳景观区如表5-1所示。

表5-1 花岗岩山岳景观区域及主要特征

景观区域	典型景观(景点)及主要特征
安徽黄山	石峰、石岭、石柱、造型石、一线天等,比如莲花峰、天都峰、九龙峰、梦笔生花、猴子观海等景点。造型丰富、成因多样、前山雄伟、后山秀丽
江西三清山	峰林、峡谷、石柱、石峰等,比如蓬莱三峰、玉京峰、老子峰、东方女神、巨蟒出山等景点。高山尖峰型花岗岩景观
陕西华山	陡崖、石峰,比如千尺幢、百尺峡、鹞子翻身、老君犁沟、朝阳峰、落雁峰、莲花峰、芙蓉峰、云台峰、玉女峰等景点。高山断崖型花岗岩山岳景观
河南洛宁神灵寨	峰奇、石怪、崖壁、石瀑群等,比如将军峰、石鱼、石剪、狮子岩、莲花池、龙凤潭、银链石瀑、萝卜石瀑等景点。低山圆丘(巨丘)花岗岩地貌景观
内蒙古克斯克腾	石柱群、石墙、石臼等,比如屏状峰、花岗岩岩臼、风蚀石龛、石窗、蘑菇石等。沿节理风化形成的石柱群型地貌景观
福建福安白云山	冰臼群、壶穴石柱、石脊、崖壁等,比如爱心石臼、阴阳石臼、鲤鱼溪、八仙过海、九龙洞等。穴型花岗岩地貌景观
河南嵖岈山	石峰、石柱、造型石、石蛋等,比如蜜蜡峰、飞来石、送子观音石、取经石、嵖岈大仙、红石崖等。经化学风化形成的低山塔峰花岗岩地貌
陕西翠华山	悬崖、石海、洞穴、堰塞湖、瀑流等,比如终南山、水湫池、甘湫池、山崩堰塞湖、山崩瀑流等。崩塌叠石(石棚)花岗岩地貌景观
福建平潭风景区	海蚀阶地、海蚀崖、海蚀穴、海蚀洞、海蚀柱、海蚀平台,比如半洋石帆、石猪、鹭鸶石、海坛大神、仙人井等。因海蚀作用而形成的海蚀崖、柱、穴花岗岩地貌景观
新疆博尔塔拉怪石沟	岩石裸露、怪石嶙峋,石群奇特美妙等,比如天狗望月、石猴母子、大象戏水、迎宾将军石、黑熊探海、唤云峰、孔雀石等。风蚀花岗岩地貌景观
青岛崂山	石峰、奇石、崖壁等,比如寿峰、寿石、绵羊石、别有洞天、凤飞崖、金龟望月等。遭受寒冻风化、裂解崩落形成的犬齿状岭脊花岗岩地貌景观

一、黄山的花岗岩地貌景观

常言之:"五岳归来不看山,黄山归来不看岳。"本书首先以黄山为例来展示花岗岩地貌景观的雄奇秀美,之后再讨论其他山岳的花岗岩所构成的"花花世界"——主要的花岗岩景观地貌形态。

1. 花岗岩山峰景观

花岗岩堡状山峰,峰体规模较大,四周陡峭,雄伟壮观,截面形态近似圆形,像城堡或碉堡状的花岗岩山峰(图5-1)。形成堡峰的花岗岩体垂直节理不发育,多为间距较大的斜节理或共轭节理,岩石一般不易崩塌和坠落,山顶较平坦,系早期夷平面或剥蚀面的残余。

图5-1 花岗岩堡状山峰(黄山管理委员会 提供):左图,黄山莲花峰;右图,黄山天都峰

花岗岩塔状山峰景观,山峰的规模比堡峰小,峰体下粗上细,四周为陡峭、形似塔状的山峰(图5-2)。多为沿两组垂直节理风化剥落而成,常孤立分布。

图5-2 花岗岩塔状山峰——黄山北海(黄山管理委员会 提供)

花岗岩高山尖峰景观,是指山体绝对高度大于1500m,相对高度在1000m以上的花岗岩体,以顶部尖锐、离立状山峰为主要特征,也有学者称之为"花岗岩峰林地貌景观",典型代表为黄山西海(图5-3)。

图 5-3　花岗岩高山尖峰景观——黄山西海（黄山管理委员会 提供）

2. 花岗岩石柱与石锥景观

花岗岩石柱景观，沿花岗岩节理风化剥蚀后残留的柱状体，如黄山的"梦笔生花"（图 5-4）。

图 5-4　花岗岩石柱景观——黄山"梦笔生花"（黄山管理委员会 提供）

花岗岩石锥景观，主要是由花岗岩差异风化形成的一种像刺突一样的地貌景观（图 5-5）。它们有的是花岗岩在球形风化的基础上崩解后经雨水淋蚀形成，或者花岗岩局部地方石英富集或夹有硅质程度较高的岩脉，导致局部抗风化能力较强，比如黄山"手机石"的"手机天线"，以及"仙人指路"。

图 5-5　花岗岩石锥景观(黄山管理委员会 提供)：左图，"手机石"；右图，"仙人指路"

3. 花岗岩一线天与石岭景观

花岗岩一线天景观，流水沿花岗岩垂直节理或断层带软弱结构面侵蚀切割，形成狭长的两壁直立的类似沟壑的地貌景观。在通道中仅见一条窄窄的天空，常称一线天。黄山天都峰南线的游步道，西海大峡谷的步仙桥就是横跨在一线天之上(图 5-6)。

图 5-6　花岗岩一线天景观(黄山管理委员会 提供)：左图，天都峰南线游步道；右图，西海大峡谷步仙桥

花岗岩石岭景观，呈长条状展布的花岗岩山脊。其顶部或平坦，或略有倾斜，或波动起伏，或呈锯齿状展布。岭的两侧不像石墙那样笔直，而是有一定角度的陡坡(图 5-7)。

4. 造型石景观

花岗岩造型石景观，是指具有特殊造型的花岗岩地貌景观。

在地质作用下，花岗岩形成形态像人、似物、似禽兽或生产生活用品等造型，命以高雅、形象、动听的名字展示给游人，常常受到旅游者的青睐，或成为摄影家、画家"猎取"的目标。如安徽黄山的"喜鹊登梅"(图 5-8)。

图 5-7　花岗岩石岭景观——黄山九龙峰（黄山管理委员会 提供）

图 5-8　花岗岩造型石景观——黄山"喜鹊登梅"（黄山管理委员会 提供）

5. "黄山地貌"景观

黄山的花岗岩地貌，从形态上看多种多样，比如前面提到的堡状、锥状山峰、石柱，还包括山岭、一线天以及各式造型石等；从成因角度看，种类丰富，包括物理风化型、节理崩塌型、流水侵蚀型等；从分布规律（崔之久，2009）看，黄山地貌围绕着放射状水系的中心（即分水岭），向外围依次为穹峰、堡峰、尖峰、岭脊，此为黄山地貌的一大特征；从旅游美学角度，黄山地貌通常概括为"前山雄伟，后山秀丽"（图 5-9）。

以地貌学观点解释黄山的前山和后山在景观美学上的不同，可以从以下几点概括。

（1）前山、后山的岩性不同。前山为等粒的块状结构，相比后山的岩石，更为致密、均匀，更不易破碎。在长期的温差、流水作用下，前山容易产生面状剥落，形成表面光滑、雄浑壮阔的基本地貌骨架。因而，岩石的矿物成分和组成结构是成景的关键要素。

（2）新构造运动控制前山、后山不同区域的地貌发育。前山只有一条南北向大型断裂；后山南北向、北东向和北西向断裂展布全面。此外前山的小型断裂也稀少，后山密集。

（3）后山岩体垂直节理更为发育，使得岩石变得较为破碎，容易形成柱状、锥状山峰的景观

图 5-9　黄山地貌景观(李维 摄)：左图，雄伟；右图，秀丽

骨架。

(4)局地气候、植被、生态环境不同，导致景观塑造与景观展现不同。成景角度：前山岩石致密，山体浑圆，更突出"山、石"之势——雄伟在气势上；后山岩石破碎，山体纤细，植被丰富，更显"山、石"之形——秀丽在形态上。景观展现角度：前山少量松树苍劲挺拔，水流于光秃的崖壁之上，山水组合更显壮观；后山成片植被，郁郁葱葱，风吹树摇，更显秀丽。

画家眼中的"黄山地貌"景观(图 5-10)，其实就是山水画。以描绘黄山山岳景观为题材

图 5-10　《梅清画集》中的黄山地貌景观

的黄山画派在中国山水文化中占有重要地位,他们把"天造的仙境"绘成了纸上丹青。比如梅清、石涛、张大千等画家绘出了许多黄山景观。

二、其他类型的花岗岩地貌景观

1. 高山断壁、悬崖式花岗岩地貌景观——华山型

由高上千米的巨型花岗岩断块山构成的,四壁陡立险峻的地貌景观。岩性均一、垂直节理发育,有大型断裂存在,新构造抬升迅速,重力崩解作用强烈,是形成此种地貌景观的重要因素。四面临空,壁立千仞的巨大悬崖是其最大的特征。"自古华山一条路"是对这种地貌景观险峻程度的最佳描述。华山风景名胜区是此种花岗岩地貌景观的杰出代表(图5-11)。

图5-11 高山断壁-悬崖型花岗岩地貌景观(卢丽雯 摄)

2. 低山圆丘(巨丘)花岗岩地貌景观——洛宁-封开型

海拔1000m以下的花岗岩体形成外貌呈巨大圆丘的地貌景观。在圆丘的弧形曲面上往往分布着许多密集的细沟,远望似瀑布,有人称之为"花岗岩石瀑地貌"。这种地貌多出现在花岗岩岩株的根部,由于这个部位节理不发育,岩石致密,整体性好,化学风化和降水冲淋是形成这种地貌的主要因素。据陈安泽的《旅游地学大辞典》(2013),河南洛宁神灵寨和广东封开是其典型代表(图5-12、图5-13)。

3. 石柱群花岗岩地貌景观——内蒙克什克腾旗型

高度在5m以上,棱角平直,孤立或联体成群的石柱体成片分布,是此类地貌的形态特征。因外观似云南的石林,故有学者称之为"花岗岩石林地貌"。密集且平行排列的水平节理,相对稀疏的垂直节理,是形成此种景观的岩性和构造条件;高纬度寒冷气候条件下强烈寒冻风化、冰劈作用是形成此种景观的主要外营力。内蒙古克什克腾旗是此种景观的典型代表(图5-14)。

4. 穴型花岗岩地貌景观——福安型

在花岗岩体的表面形成的孔穴状景观。平面上以圆形为主,垂直方向上以圆桶状为基本形态。多分布于谷地之中,与流水密切相关。穴的直径从几厘米到十几米,深度从几厘米到几

图 5-12　花岗岩低山圆丘(巨丘)——洛宁神灵寨
（据陈安泽，2013）

图 5-13　花岗岩低山圆丘(巨丘)——广东封开
（据陈安泽，2013）

图 5-14　花岗岩石柱群景观（据田明中，2012）

米。在瀑布或跌水的下方可达到十余米，形成深潭。穴状花岗岩地貌景观，如福建福安白云山（图 5-15）。

5. 低山塔峰花岗岩地貌——嵖岈山型

海拔 1000m 以下的花岗岩体，构成的高度在几十米至百余米的孤立或成群分布的塔峰为特征的景观。其总体形态类似高山尖峰地貌，但其峰顶多呈浑圆状，故又称之为"钝顶塔峰地貌"。高山尖峰崩落，后期的球形风化作用，致使尖峰及原来有棱角的石柱、崩塌岩块变为浑圆形态。低山塔峰型花岗岩地貌景观是尖峰地貌和石蛋地貌的过渡类型，以河南嵖岈山为代表（图 5-16）。

图 5-15　穴型花岗岩地貌景观——福建福安白云山（张晶　摄）

图 5-16　低山塔峰花岗岩景观——河南嵖岈山（据陈安泽，2013）

6. 犬齿状岭脊花岗岩地貌景观

在窄长的山脊上散布着一系列犬齿状山峰为特征的花岗岩地貌景观。其特征是岭脊上的小山峰呈犬齿状，棱角鲜明，参差嶙峋，如青岛崂山（图 5-17）。

7. 崩塌叠石（石棚）花岗岩地貌景观

以巨大的崩塌岩块叠置搭连，构成不规则洞穴为特征的花岗岩地貌景观，称为"石棚"或"叠石洞"。此种景观是由高山尖峰地貌的尖峰或石柱体崩落于山谷或山麓叠积而成。凡是崩塌叠石发育的地区，绝大多数山顶不再保有成群的石柱体。三清山与天柱山都是海拔 1500m 以上的高山，两者微地貌形态则截然不同。三清山崩塌巨石稀少，尖峰及成群的高大石柱众多，其中石柱体"巨蟒出山"高达百余米；而天柱山山顶几无石柱体存在，山谷、山麓却充满巨大岩块堆积物，由崩落石块构成 40 多处叠石洞。

图 5-17 犬齿状岭脊花岗岩地貌景观——青岛崂山①

8. 风蚀花岗岩地貌景观——怪石沟

在干旱沙漠荒漠地区的花岗岩体,因气候干热,昼夜温差大,使岩石产生热胀冷缩,加上强大的风力吹蚀,使花岗岩体表面形成极不规则的蜂窝状洞穴,成为风蚀花岗岩地貌景观,以新疆博尔塔拉怪石沟和内蒙古阿拉善旗为代表(图 5-18、图 5-19)。

图 5-18 风蚀蜂窝花岗岩景观——新疆博尔塔拉①　图 5-19 风蚀花岗岩地貌景观——内蒙古阿拉善旗

---

① 地质公园之家. 花岗岩类地貌景观. [2015-10-22]. http://www.geoparkhome.com/detail.aspx?node=346&id=2200.

第二节 碎屑岩山岳景观

碎屑岩地貌景观主要是指由砂岩、砾岩、粉砂岩及黏土质粉砂岩构成的地貌景观。其中,具有山地形态的,统称为碎屑岩山岳景观。胶结紧密的砂岩、砾岩由于岩石性质坚硬,抗风化能力强往往形成雄奇的悬崖、石墙、石柱、方山、天生桥、拱门、壶穴等造型景观;而胶结疏松的粉砂岩,由于石质较软,则形成低矮的小丘、浅沟等外貌参差的景观。按照地理分布、成景岩层时代、成景动力及景观组合,可将碎屑岩地貌景观分成丹霞山型、嶂石岩型、张家界型、乌尔禾型(雅丹型)、元谋型、陆良型等多种类型。

一、丹霞山型碎屑岩地貌景观

丹霞山型碎屑岩地貌景观,是指以中上白垩统红色陆相砂砾岩地层为成景母岩,由流水侵蚀、溶蚀、重力崩塌作用形成的赤壁丹崖、方山、石墙、石峰、石柱、峡谷、嶂谷、石巷、岩穴等造型地貌景观的统称。地貌学上,又称之为丹霞地貌,或红层地貌。

丹霞地貌以其特有的形象美、色彩美、动态美和整体美而具有极高的观赏和游览价值。我国丹霞地貌有500余处,著名的有广东丹霞山、福建武夷山、福建大金湖、江西龙虎山、甘肃张掖等地。以色彩美著称的要数多彩山地型丹霞景观——甘肃张掖丹霞地貌;山水搭配、山水之色并举的则有碧水丹山型丹霞景观,如福建泰宁大金湖、湖北当阳百宝寨、江西鹰潭龙虎山等。

多彩山地型——甘肃张掖丹霞地貌。丹霞地貌景观的主要颜色基调是红色,其他颜色有橙、黄、绿、蓝、白、灰等色(图5-20)。

图5-20 甘肃张掖多彩丹霞:"地上的彩虹""彩虹山"(程璜鑫 摄)

碧水丹山型——江西鹰潭龙虎山(图5-21左图)、福建泰宁大金湖(图5-21右图)。

丹霞的形态美同样难以尽数,从形态角度分类,包括峰林状(图5-22)、峰丛状(图5-23)、宫殿式(图5-24)、柱廊状、窗棂状(图5-25)、岩墙状(图5-26)、柱状(图5-27)、方山状(图5-28)、屏风状(图5-29)、丘陵状(图5-30)等。

图 5-21 碧水丹山:左图,江西鹰潭龙虎山;右图,福建大金湖

图 5-22 峰林状丹霞景观　　　　　　图 5-23 峰丛状丹霞景观(程璜鑫 摄)

图 5-24 宫殿状丹霞景观(程璜鑫 摄)　　图 5-25 窗棂状丹霞景观(程璜鑫 摄)

图 5-26 岩墙状丹霞景观　　图 5-27 柱状丹霞景观　　图 5-28 方山状丹霞景观
　　　(程璜鑫 摄)　　　　　　　(程璜鑫 摄)　　　　　　　(程璜鑫 摄)

图 5-29　屏风状丹霞景观（程璜鑫 摄）　　　　图 5-30　丘陵状丹霞景观（程璜鑫 摄）

在流水侧蚀和顺层风化、侵蚀作用下，在红层砂砾岩表面形成诸多微地貌形态，也为丹霞景观增色不少。比如丹霞地貌常见的蜂窝孔洞（图 5-31），扁平洞穴（图 5-32），顺层差异风化（图 5-33），以及近水丹霞中的侧蚀凹槽和多期次构造抬升影响下的多级侧蚀凹槽（图 5-34）等，不仅展示了丹霞地貌的形态美、色彩美，更是揭示了地貌演化的科学内涵，显示出极高的科学美。

图 5-31　蜂窝状洞穴丹霞景观（程璜鑫 摄）　　　图 5-32　扁平洞穴丹霞景观（程璜鑫 摄）

图 5-33　顺层差异风化——广东丹霞山茶壶峰　　　图 5-34　多级侧蚀凹槽景观——当阳百宝寨
　　　　　　（张林生 摄）　　　　　　　　　　　　　　　　（程璜鑫 摄）

宗教文化、图腾崇拜等人文美的加入,也给了丹霞地貌更多美的想象空间。"丹霞为宗教增秘,佛光令丹霞生辉"——古人充分利用砂岩岩体的均质、色彩和地形,造就了甘肃天水麦积山光彩夺目的石窟艺术(图5-35),也成就了一处西北著名旅游胜地。广东丹霞山则利用著名景点阳元石、阴元石(图5-36),在生殖崇拜、性文化方面走出一片天地。

图5-35 丹霞地貌与文化景观——天水麦积山石窟[①]

图5-36 广东丹霞山阳元石、阴元石(张林生 摄)

[①]天水麦积山.[2015-10-22]. http://gansu.gansudaily.com.cn/system/2009/09/12/011268196.shtml.

二、嶂石岩型碎屑岩地貌景观

嶂石岩型碎屑岩地貌景观,是指以巨型长崖、阶梯状"栈"崖、箱型嶂谷、瓮谷等造型地貌为代表性的地貌景观。

该类地貌景观主要分布在中国华北温带半干旱半湿润气候区域内,由元古宇石英岩状砂岩为成景母岩,以构造抬升、重力崩塌为主要动力因素。河北嶂石岩是此种地貌景观的典型代表(图5-37、图5-38)。

图5-37 嶂石岩型地貌景观①——河北赞皇巨型长崖

图5-38 嶂石岩型地貌景观:阶梯状"栈"崖

三、张家界型碎屑岩地貌景观

张家界型碎屑岩地貌景观,是指以棱角平直的高大石柱林(或者成为石柱群)为代表性的地貌景观。因成景母岩为产状近水平的中、上泥盆统石英砂岩,所以有学者称之为砂岩峰林。

张家界型碎屑岩地貌景观的形态特征为高大石柱群(图5-39),以及石柱林下的深切峡谷(嶂谷)、石柱和砂岩天生桥(图5-40)。主要分布在中国华南亚热带湿润气候区域内,以流水侵蚀、重力崩塌、植物风化为主要地质营力。代表性景区为湖南张家界,湖南张家界是最早

---

① 石家庄嶂石岩.[2015-10-22].http://www.tourunion.com/spot/jd/1963.htm.

发现此类地貌的区域,也是"张家界砂岩峰林地貌"的命名地,其核心景区集中出现3000多座几十米至近四百米的石柱(或石峰)。

图5-39 张家界高大石柱群景观(左图,林玲 摄;右图,邓智天 摄)

图5-40 张家界峡谷、石柱及天生桥景观(邓智天 摄)

四、乌尔禾型碎屑岩地貌景观

乌尔禾型碎屑岩地貌景观,全称为乌尔禾型砂岩风蚀城堡景观(有学者简称为"风城地貌"),是指以风蚀作用为主形成的城堡状平顶方山、石墙、石港、石柱等造型地貌景观。

成景母岩为下白垩统红褐色与灰绿色相间的河湖相砂岩、泥岩,主要地质营力为风蚀作用,外加暂时性流水冲刷作用。主要分布在干旱多风的气候区域内。因为此种景观最早发现于新疆准格尔盆地西北边缘的乌尔禾,所以称为乌尔禾地貌景观(图5-41)。

"魔鬼城"是地貌学上对风蚀城堡的俗称。它是在产状近似水平基岩裸露的地形隆起区,

图 5-41　新疆乌尔禾型砂岩风城景观（程璜鑫 摄）

由于岩性软硬不一，垂直节理发育不均，在强劲风力的长期吹蚀作用下被分割，残留下来的平顶山丘，远看宛如荒废的城堡矗立在地面上。之所以被人们称为"魔鬼城"，究其原因有两方面：一是地貌形态异常诡秘，道路方向难以辨认；二是地势低矮的古河道中风特别大，每当夜幕降临之后，沙漠之风发出恐怖的呼啸，犹如千万只野兽在怒吼，令人毛骨悚然。

各种风蚀地貌景观通常又统称为雅丹地貌。"雅丹"维吾尔族语意为"陡峭的土丘"，是风蚀地貌的典型代表。雅丹地貌分布在干旱多风的气候区域内，成景母岩以第四纪中更新世河口相、湖相粉砂岩、泥岩、砾岩为主。主要地质营力为暂时性暴雨冲刷及定向强风吹蚀作用。代表性景观为垄岗、堡丘、土柱，以及造型似兽、似禽、似物的微地貌景观（图 5-42）。

图 5-42　雅丹型碎屑岩地貌景观：风蚀垄岗

五、元谋型碎屑岩地貌景观

元谋型碎屑岩地貌景观，是指由半胶结的砂岩、泥岩为成景地层的类土质土柱群地貌景观。

元谋型碎屑岩地貌景观的主要形态特征是土柱成群。主要成景母岩为新近纪上新世至第四纪早更新世河湖半胶结的砾岩、粉砂岩和泥岩。成景过程受滇南亚热带印度洋西南季风影响，主要地质营力为暴雨冲蚀作用。主体景观呈现为土柱高低参差，色彩斑斓，远看似一片土状森林。单体土柱一般高5~20m，最高可达40m。各柱体的顶面若连成线，是一个缓斜坡，即为原始地面的起伏面。有学者将此类型的地貌定义为"土林地貌"，代表性景观为云南元谋土林(图5-43)，类似的土林地貌，在西藏阿里札达盆地(图5-44)、四川西昌(图5-45)等地也有分布。

图5-43　云南元谋型土林地貌景观

图5-44　西藏阿里札达盆地土林景观(程璜鑫 摄)　　图5-45　四川西昌土林地貌景观(程璜鑫 摄)

六、陆良型碎屑岩地貌景观

陆良型碎屑岩地貌景观，是指颜色多样、参差不齐的笔架状残丘景观。由于成景物质在地面景观上表现为紫、红、黄、绿、黑等不同颜色，形态又类似枯树残林，所以又称为彩色沙林景观。最早发现于云南陆良，故而命名为陆良型地貌景观(图5-46)。

陆良型碎屑岩地貌景观的成景母岩主要为新近纪上新世湖相杂色半固结粉砂岩及黏土层。由于成景地层较为疏松，所以这种景观十分脆弱。随着暴雨的冲刷，所在地的地貌景观

图 5-46　云南陆良型碎屑岩地貌景观:陆良彩色沙林

年年都有变化。云南陆良将彩色沙林与沙雕艺术相结合,构建自然美景、演绎童话世界(图 5-47)。

图 5-47　云南陆良地貌景观开发:沙雕艺术[①]

第三节　其他山地景观

　　以成景的物质基础作为山岳景观的分类原则,除了前面讲述过的花岗岩山岳景观、碎屑岩山岳景观之外,还有一些常见地貌类型,比如岩溶地貌景观、黄土地貌景观。类似地貌学中按成因将地貌分类,景观学中按成景物质将地貌景观分类却不那么简单,反映到景观形态上有时会与俗称、专业术语混淆。然而也并不是那么复杂,比如因石灰岩的成景形态通常不那么高大、雄伟,在我国西南地区有大片分布,习惯上称之为石灰岩山地——物质基础来自于自然科学,景观形态的称谓却源自语言习惯。

　　山地景观包含有自然科学中的正地貌及与之相关的负地貌。但为了强调景观的形态特征

[①]陆良彩色沙林风景区.[2015-10-22]. http://www.dmqj.net/index.php?m=content&c=index&a=show&catid=60&id=9.

与分类系统的完整性,本章只讲述山地景观作为"山"的一面,将与之相关的峡谷、盆地、平原留到后面的章节。

一、石灰岩山地景观

石灰岩地貌,通常又称岩溶地貌,外文称之为 Karst(即音译之后的"喀斯特"),是指由可溶性岩石构成的地貌。可溶性岩石主要有石灰岩、白云岩、石膏、硬石膏和盐岩。经地下水和地表水的溶蚀、改造,可形成特殊的岩溶地表形态和地下洞穴,即可分为地表景观和地下景观。

石灰岩山地景观,主要指岩溶地貌中的石芽、石林、峰林、峰丛、孤峰、残丘、天生桥等较为宏观的地表正地貌形态,典型形态特征是群峦叠翠,奇峰林立,石骨嶙峋。岩溶地貌的地下景观和一些中微观形态也是重要的旅游资源,比如溶洞、岩溶泉、地下河、石笋、石柱、石幔、石花,以及岩石表面极富科学内涵的溶痕、溶沟等。

溶痕,是指由水的溶蚀作用导致可溶性岩石表面形成的细小沟道和凹坑形态。溶痕景观是揭示水对岩石产生溶蚀作用的直接证据。如果水沿着岩石的节理裂隙进行溶蚀和侵蚀,在岩石表面形成槽状形态,则称之为溶沟景观(图5-48)。

图5-48 溶痕(左图)与溶沟(右图)景观(刘超 摄)

石芽,溶沟之间相对凸起的芽状岩体,称为石芽景观。就像石头发芽刚从地里长出来的形态(图5-49)。有些长得比较特别,形成旅游猎奇的重要载体——象形石,如贵州思南石林景区的伏虎石(图5-50)。

石柱景观,又称柱状喀斯特,主要指沿碳酸盐岩垂直裂隙进行溶蚀、侵蚀而成,高度大于柱体直径,高差一般大于5m的柱状体景观(图5-51)。

石林景观,特指碳酸盐岩经溶蚀作用,形成相对高度大于5m的各种柱体形态,或连体丛生,或离立成群,远望如林的一种特殊岩溶地貌景观。就像成片石芽长高了,形成了石林(图5-52)。

景观形态上的"石林",并不是地貌学专业术语所专指的喀斯特石林,还包括其他成因、不同岩石类型的石质"森林",甚至土质"森林",比如砂岩石林、砂砾岩石林(图5-53)、土状石林等。

峰林,地貌学上特指由相互离立的塔状、锥状碳酸盐岩石峰组合而成的地貌。按其所处区域地形特征可分为平原型峰林景观和谷地型峰林景观(图5-54)。如果不是相互离立的石峰,而是基座相连的喀斯特石峰,其构成的地貌景观,地貌学中称之为峰丛(图5-55)。

· 62 ·

第五章　山岳景观

图5-49　石芽景观——四川兴文石海[①]

图5-50　石芽景观——贵州思南伏虎石（刘超 摄）

图5-51　云南路南石林中的柱状喀斯特景观（据陈安泽，2013）

图5-52　云南路南喀斯特石林（苏攀达 摄）

图5-53　甘肃景泰砂砾岩石林景观（黄河石林景区）

[①] 3487旅游网.推荐"兴文石海·打造优美环境　发展乡村旅游．[2015-10-22]．http：//www.3487.com/html/42/17199/．

图 5-54　广西桂林(张晶 摄):左图,平原型喀斯特峰林;右图,谷地型喀斯特峰林

图 5-55　峰丛景观:左图,四川宜宾;右图,贵州思南(刘超 摄)

孤峰,岩溶地貌的典型地貌之一,是一种兀立在岩溶平原或河谷盆地上的孤立的石峰(图 5-56)。垂直落差较小,形态更为矮小、低缓的又称之为残丘或馒头山(图 5-57)。

图 5-56　孤峰景观——桂林伏波山(杨洋 摄)　　图 5-57　残丘景观——贵州思南(刘超 摄)

天生桥是溶蚀与崩塌共同作用的产物,形态如"桥"但非人力所为,故称为天生桥。地下河的顶部崩塌后,残留的顶板仍然横跨原河谷两岸,形成两端飞跨、中间悬空的地貌形态,即为天生桥景观(图 5-58)。如果河谷已不存在或高悬于山体上部,景观上又形象地称之为穿洞(图 5-59)。

第五章　山岳景观

图 5-58　天生桥景观——六盘水金盆　　　图 5-59　岩溶穿洞景观——广西阳朔月亮山

二、黄土地貌景观

黄土地貌景观，是指黄土地区自然地理景观的总称。黄土地貌景观在形态上主要有塬、梁、峁、沟，以及黄土柱、坪、碟、墙、洞、穴等地貌景观。

黄土塬，是黄土堆积地貌景观之一。其表面平坦、周边被沟谷切割，是形似条桌的高地景观，俗称"塬"（图 5-60）。

图 5-60　黄土塬景观：左图，陕北洛川；右图，陇东董志塬

黄土梁，是黄土堆积地貌景观之一。一种平行沟谷间的长条形高地，似一条条巨龙盘踞在黄土海洋之上。它往往由残塬进一步被侵蚀切割形成，梁的两侧沟谷顶部由于溯源侵蚀，几乎将梁脊切穿，形成非常狭隘的鞍部（图 5-61）。

黄土峁，是黄土堆积地貌景观之一。一种由黄土组成，外形似馒头的孤立圆顶山丘，似颗颗珍珠镶嵌于黄土高原之中，周围深切的沟谷恰似铧犁切开了黄土地（图 5-62）。

黄土切沟，是发育在黄土梁、黄土峁坡面上的一种中小型地貌景观。由众多流水侵蚀沟构成（图 5-63）。

黄土悬沟，是指悬挂在黄土梁上十分陡峭的半圆筒状小沟。黄土塬和黄土梁上的地面流水，坡地漫流汇集到边缘陡崖处，然后在陡峭谷坡上迅速倾跌，对黄土陡坡产生强烈地垂向冲蚀，逐渐形成了黄土悬沟（图 5-64）。

图 5-61　黄土墚景观——陕西延安(据陈安泽,2013)

图 5-62　黄土峁景观——陕西白于山[①]

图 5-63　黄土墚及黄土切沟景观(据陈安泽,2013)

黄土冲沟,为暂时性线状水流侵蚀作用形成的沟谷(图 5-65)。以沟深、壁陡、溯源侵蚀作用显著为特征。深度一般由数米到十几米,长度由数百米到数千米。冲沟底部狭窄,横剖面呈"V"字形,沟壁陡峭,沟床比降大。流水侵蚀将地面切割成一条条沟壑,体现出外力地质作用之"强悍"。

黄土一线天,是黄土地区的一种沟壁垂直、沟底狭窄的沟谷景观。在沟底仰望,天空如一线,故为一线天景观。

黄土柱,是黄土侵蚀地貌景观之一。流水沿垂直节理侵蚀、溶蚀残留的柱状体而构成的景观(图 5-66)。

黄土陷穴,是黄土塌陷景观之一。黄土碟进一步发展、沉陷,形成深度大于宽度的地貌形态,即成为黄土陷穴景观。如果两个陷穴之间地下水流侵蚀贯通,就可能形成桥状,或拱门状的地貌景观——黄土桥(黄土拱门)(图 5-67)。

---

① 中央电化教育馆.黄土高原的黄土峁 1.[2015-10-22]. http://n1.eduyun.cn/index.php? r=portal/resources/resourceView&productcode=PD000123674.

图 5-64 黄土悬沟景观(洛川黄土国家地质公园)

图 5-65 黄土冲沟景观(洛川 张新宁 摄)

图 5-66 黄土柱景观(洛川 张新宁 摄)

图 5-67 黄土桥(拱门)景观(洛川黄土国家地质公园)

三、火山地貌景观及火山岩山地景观

火山地貌景观(Volcano Landscape)是火山活动现象和火山活动过程留下的地貌遗迹的统称。

火山是地壳构造运动的重要表现形式之一,在地球历史演化的各个阶段,都扮演着极为重要的角色。正在喷发活动中的活火山,暂时间断活动的休眠火山,以及地质时期活动以后不再喷发的死火山，都形成大量的自然奇观，即火山（及火山岩）地貌景观。

火山奇观是旅游者喜爱的胜景。遥观活火山喷出的通红火柱，定然能得到惊心动魄的快感。静静欣赏休眠火山或死火山所造成的景物，如锥形匀称的火山锥，漏斗状的火山口，碧波荡漾的火口湖，覆盖在地面的熔岩流，还有散落的火山弹、火山砾、火山砂和火山灰等，也都别有情趣。我国火山地貌景观的代表性景区有黑龙江的五大连池和镜泊湖。

火山口景观（Crater Landscape），指火山通道上部、火山熔岩等喷出物的喷出口，以及由喷出物堆积在地面上形成的环形坑状、漏斗状的地貌景观（图5-68）。形态上大下小，一般位于火山锥顶端。积水后成为火山口湖（图5-69）。

图5-68 海口马鞍岭火山口群

图5-69 吉林龙湾火山湖

如果火山口没有火山堆，只是略有外倾、平缓而宽阔状的地形，地貌学上称之为玛珥式火山口。其形态、特点是火口宽，火口边缘低缓、平坦，我们称之为低平火山口景观（图5-70）。

火山锥景观，火山喷出物在火山口附近堆积而成的锥状山体（图5-71）。

图5-70 海口低平火山口景观

图5-71 新西兰奥克兰火山锥景观[①]

火山口中未喷溢、没有固结的类似湖泊状的岩浆体，称为熔岩湖或岩浆湖。喷发出或溢出流动的形态像河流的熔岩流，称为熔岩河（图5-72）。当火山喷发停止后，熔岩流补给减少，

---

① 奥克兰火山锥. [2015-10-22]. http://www.hfht.ah.cn/f/uilefsbnx.html.

活动也就逐渐趋于停止,于是便形成一条低洼的长形沟槽,这就是保留下来的熔岩河地质遗迹——熔岩河道。熔岩湖、熔岩河等流体状熔岩景观多出现在宁静式喷发的火山口中。熔岩湖的存在使人更容易了解火山熔浆的来源和状态,既有观赏价值又有重要的科学价值。

火山喷气碟,是一种圆形碟状的熔岩坑景观(图5-73)。由间歇性蒸气喷发,带出少量熔岩而成。如果每次气体喷出就伴随有一些熔浆外溢,在喷出口处层层

图5-72 五大连池:熔岩河景观(据陈安泽,2013)

相叠,形成叠瓦状熔岩构造,即喷气锥(图5-74)。喷气碟是喷气锥的雏形,它们都是火山微地貌中的顶级珍品,目前只在中国五大连池有发现,是世界级的地质遗产。

图5-73 火山喷气碟景观
(据陈安泽,2013)

图5-74 火山喷气锥景观
(据陈安泽,2013)

绳状熔岩景观,熔岩流冷却固化后外貌呈波状、绳状形态的遗迹景观。根据绳状体形态、突出方向和交切关系可以判别熔岩流动的方向和流动的先后关系,具有重要的科学价值。如图5-75所示,可以判断原熔岩是从左向右流动的。

熔岩隧道景观,是指熔岩流动过程中形成的管状通道,形态类似隧道的岩洞景观(图5-76)。熔岩流的表面由于遇冷先冷却而形成一个固态外壳,但内部仍保持熔融状态继续流动,当处于熔融状态的核部被排空,遗留下来的就是管状空洞,其状如隧道,即熔岩隧道景观。

火山喷发出的物质除了熔岩之外,还有火山灰、火山泥、火山弹等碎屑物质。在火山的固态及液态喷出物中,火山灰的量最多,分布最广,它们常呈深灰、黄、白等颜色(图5-77)。火山灰堆积、固结成岩后即为凝灰岩。

火山碎屑物质与水混合后,形成火山泥(图5-78)。火山泥流景观有三种成因:其一,火山碎屑物进入河流,顺着河道形成火山泥流;其二,火山喷发的碎屑物经过火口湖,喷出泥状物质,在坡面或低洼处形成泥流景观;其三,火山喷发后覆盖在火山斜坡上的碎屑物,遇到雨水冲刷,顺坡形成火山泥流景观。火山泥含有某些医疗保健性的元素,可以开发为保健和生活产品。如五大连池火山泥已开发成一系列商品和旅游产品,包括精华营养面膜、洁面乳、洗发乳、

图 5-75　五大连池:绳状熔岩景观
（据陈安泽,2013）

图 5-76　五大连池:熔岩隧道景观[1]

图 5-77　火山喷发火山灰景观(据昵图网,2012)

图 5-78　泥火山景观[2]

图 5-79　海南洋浦(张晶 摄):左图,火山弹;右图,火山弹凿刻出的晒盐池

---

[1] 探寻地下熔岩洞的秘密. [2015-10-22]. http://hlj.sina.com.cn/travel/wzlj/2011-12-17/1488.html.

[2] 昵图网. 唯美火山喷发图片. [2015-10-22]. http://www.nipic.com/show/7131413.html.

火山泥美容霜、火山泥疗旅游项目等。

火山喷发时熔岩被抛到空中,在快速旋转飞行过程中经迅速冷却而形成的岩石团块叫作火山弹(图5-79)。形态多样,包括面包状、纺锤形、椭球形、梨形、麻花形、流弹形等。

火山岩崩塌洞穴景观,是指火山岩经断裂、节理的裂开、重力崩塌,出现大小不一、形态各异的洞穴,构成火山岩崩塌洞地貌景观。其中有呈平卧状洞穴、直立洞穴、倾斜洞穴、叠石洞(图5-80)等。

火山岩叠嶂地貌景观,指由多次溢出的流纹岩层叠加而成的巨厚流纹岩层,复经断裂崩解形成的陡崖,构成的地貌景观,形如屏障围墙(图5-81)。

图5-80 福建佛子山火山岩崩塌叠石洞(刘超 摄)

火山石门地貌景观,是指两崖对峙形成天然的门状景观。它是在叠嶂的基础之上,沿断裂节理切割,岩块崩落而形成的地貌景观。

火山岩天生桥景观,是指天生桥两端与山体地面连接,中间悬空的拱桥地貌景观。如雁荡山流纹岩"仙桥"(图5-82),桥长37m,宽8m,桥孔深20～25m。

图5-81 火山岩叠嶂地貌景观——浙江雁荡山

图5-82 火山岩天生桥景观——浙江雁荡山
(据陈安泽,2013)

课后习题

1. 什么是山岳景观?
2. 山岳景观如何分类,分别包括哪些岩石类型?
3. 如何描述山岳景观的形态美?
4. 山岳景观审美理论中如何体现科学美?
5. 举例说明如何欣赏山岳景观。

第六章　峡谷景观

课前导读

峡谷是相对于山岳的一种负地貌形态,主要特征是谷地狭深、谷坡陡峻、深度大于宽度。峡谷通常与山岳相伴而生,互为映衬。山岳因峡谷而更显雄险;峡谷也因山岳而更为幽静深邃。峡谷外面的世界很大,谷地里却只见眼前;峡谷中阳光很少,水分却很多;峡谷空间狭小,物种却丰富……

峡谷类型众多,因形态相似而统称为峡谷景观或谷地景观。按峡谷成景岩石性质可分为可溶性岩峡谷、碎屑岩峡谷、火成岩峡谷、变质岩峡谷;按照峡谷形态,以宽度为主要参照指标可分为宽谷、隘谷、嶂谷、线谷。本章以地质营力为主要参照,从地貌成因角度将峡谷景观分为构造峡谷、河流峡谷、冰川谷地、岩溶谷地四个主要类型,并将形态特殊或成因复杂的几种谷地景观单独归类。

峡谷景观是重要的旅游资源,是人类感知世界不可或缺的载体。不同类型的峡谷景观如何区分,各有什么特征将是本章讲述的重点。包括以下关键问题。

(1)峡谷景观如何分类,分别包括哪些类型?

(2)我国著名峡谷景观有哪些,如何欣赏?

恩施大峡谷:左图,航拍影像①;右图,局部栈道照片

---

①中国恩施旅游网.[2015-10-22]. http://www.eshuanyu.com/enshilvyou_1785_html.

第一节 构造峡谷

构造峡谷,是指由构造运动、断块沉降或坳陷等内动力为主要地质营力而形成的峡谷景观,如裂谷、向斜谷、地堑谷地等。

裂谷(Rift Valley),原是板块构造术语(指两侧以高角度正断层为边界的大型带状构造),作为景观特指由内动力原因而形成的窄长的线状谷地,其谷坡陡峭、延伸以千米计算。

裂谷是伸展构造作用的产物,它使岩石圈减薄和破裂,地壳完全断离,有时新生的洋壳就会在期间产生,因此它代表了大陆裂解、洋盆产生的初期过程。地球上主要的大型裂谷有东非大裂谷、莱茵河裂谷等(图6-1、图6-2)。

地堑(Graben),是一种构造几何现象,年轻的大、中型地堑常形成断陷盆地或裂谷式的地貌景观,如秦皇岛的鸡冠山地堑(图6-3)。在地形上常呈现为狭长的谷地或一连串长条形盆地或湖泊。

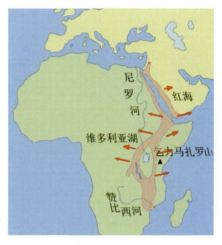

图6-1 东非大裂谷:平面示意图

图6-2 东非大裂谷①:实地近景

与地堑相对的地貌学术语是地垒。地貌形态上地垒通常成"山",而地堑则表现成"谷",二者常会相伴出现。比如庐山就是著名的地垒式断块山景观,其东南侧的鄱阳湖就是相伴出现的地堑谷地。

断裂峡谷,指区域或局部构造运动而形成的中小型构造断裂谷地景观。黄山西海大峡谷为典型断裂峡谷(图6-4)。再如北岳恒山金龙峡(图6-5),峡谷幽深,峭壁侧立,石夹青天,最窄处不足三丈(1丈=3.333米),是古往今来的绝塞天险。北魏时道武帝发兵数万人,在这里劈山凿道,作为进退中原的门户;宋代杨业父子在这里以险据守,抵抗外族的侵入。

---

① 神州国旅. 东非大裂谷. [2015-10-22]. http://www.guolv.com/kenniya/jingdian/69929.html.

图 6-3　鸡冠山地堑示意图①

图 6-4　黄山西海大峡谷
（黄山管理委员会 提供）

图 6-5　北岳恒山金龙峡

　　陡峭的正地形旁通常相伴出现较为低洼的负地形，如断层崖下通常会有一种谷坡壁陡的谷地景观。由于断层崖陡峭近乎垂直，从谷底向上难以徒手攀爬。景观体验中，从崖上向下观谷地，或开阔得一览无余（如图 6-6 左图：庐山西北侧铁船峰断层崖下的谷地景观），或被对面另一崖壁所阻挡而显得深邃、难以捉摸（如图 6-6 右图：湖北恩施大峡谷）；从谷底向上仰视断层崖，或壁立千仞（图 6-7），或飞瀑倾泻而下（图 6-8）。

图 6-6　断层崖下谷地景观：左图，庐山铁船峰；右图，湖北恩施大峡谷（胡梦晴 摄）

---

①中国石油大学（华东）现代远程教育．构造地质学．[2015-10-22]．http://course.upol.cn/gouzaodizhi/gzdzx/sysx/ywsx/qhd-3.html.

图6-7 谷地仰视断层崖景观——太行山

图6-8 断层崖下谷地仰视飞瀑倾泻的景观

向斜谷地景观（Syncline Valley Landscape），褶曲构造的一种基本形体。从地形的原始形态看，向斜的岩层向下弯曲，于是成为谷地景观。

与向斜谷相关的另一术语是背斜山，是岩层向上弯曲的结果。但是，由于向斜内部物质坚实，经长期差异侵蚀后反而可能成为山岭，相应的背斜却会因岩石拉张易被侵蚀而形成谷地。因此，传统地质学是根据岩层新老关系来确定一个褶曲是背斜还是向斜（图6-9），而不能单凭地表形态来判断。多个褶曲通常又称为褶皱，褶皱构造造成地层或岩石的形变也会形成不同的景观造型。

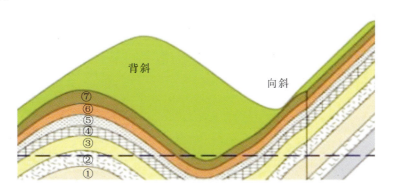
图6-9 褶曲示意图（①～⑦指地层由老到新）

第二节 河流峡谷

河流是陆地表面有固定流路的常年水流。从人类生产生活、人类文明发展来看，河流作出了巨大贡献；从塑造地貌的角度来看，河流是陆地上最活跃的外营力，被称作大地的雕刻师。以流水侵蚀为主要地质营力、以河水为主要景观要素的谷地景观，称之为河流峡谷景观。

河流可分为山地河流和平原河流。通常较大河流的上游都属山区河流，而下游则多为平原河流。山区河流有明显的河谷形态，而平原河流的河谷形态大都不明显。上游的山区河谷一般谷地窄且深，多急流瀑布；中、下游谷地则变宽，两侧常有河漫滩发育；河口段有些会形成三角洲。

河谷是由河流作用形成的长度远远超过宽度的狭长形凹地,是一种最常见的地貌形态。

河谷包括谷坡与谷底两部分。谷坡即河谷两侧的斜坡。谷坡上有时发育河流阶地。谷底被河水占据的部分称为河床,平原或盆地河流谷底会发育有河漫滩。将河谷结构中的河床、河漫滩、谷坡和阶地以横剖面的形式展现,如图6-10、图6-11所示。

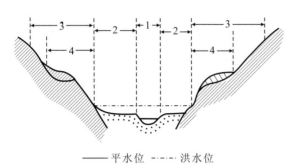

图6-10 河谷的结构
1.河床;2.河漫滩;3.谷坡;4.阶地

图6-11 河谷及河流阶地景观

V形谷景观(V-shaped Valley Landscape),是河谷窄深、谷坡陡直、横断面呈"V"形的一种谷地景观(图6-12)。通常出现在河流的上游或新构造运动强烈上升的地区,由于河流的下蚀作用强于其侧蚀作用使河床快速下切而成。

V形谷中的河床纵比降较大,水流湍急,常有岩槛和瀑布发育。长江上游的金沙江河谷,在虎跳峡(图6-13)的江面最窄处仅有40~60m,最陡的谷坡达70°,峡谷深达3000m。当峡谷深切、崖壁高耸,从谷底向上只能看到近乎一线宽的天空时,景观俗称为"一线天"或"线谷"。

图6-12 V形谷景观(据陈安泽,2013)

图6-13 峡谷景观——虎跳峡(程璜鑫 摄)

地貌学将不同发育阶段的V形谷又细分为隘谷、嶂谷和峡谷。隘谷是V形谷发育的最初期,谷坡近于直立,河谷极窄,谷宽与谷底几乎相近,河水占据了整个谷底。隘谷形成于新构造运动强烈隆升与基岩垂直节理发育的地区，如陕西商南金丝峡（图 6-14）。嶂谷在隘谷的基础上发展而来的，谷坡还是很陡直，但谷底略有拓宽，出现窄小的砾石滩或小的基岩阶地，如洛阳龙潭大峡谷红岩嶂谷景观（图 6-15）。峡谷与隘谷、嶂谷最显著的区别是谷坡上常有侵蚀阶地或谷肩，谷底出现了稳定的砾石滩或岩滩，谷的顶部时有宽谷的痕迹，如恩施大峡谷、长江三峡等。隘谷、嶂谷和峡谷的形态特征，可用示意图 6-16 表示。

图 6-14 陕西商南金丝峡隘谷景观

图 6-15 洛阳龙潭大峡谷嶂谷景观

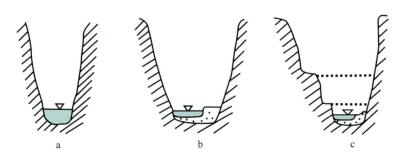

图 6-16 V 形谷发育的三个阶段（据陈安泽，2013）
a.隘谷；b.嶂谷；c.峡谷

宽谷（Broad Valley Landscape）是横剖面宽阔的河谷景观，谷底一般有河漫滩，谷坡上有多级阶地。宽谷多出现在地壳稳定区，或抗蚀力弱的岩层分布区。三峡河段的宽谷有：瞿塘峡与巫峡间的大宁河宽谷，巫峡与西陵峡间的香溪宽谷。

河曲景观（Meander Landscape），又称曲流、蛇曲，是由曲折的河道构成的景观（图 6-17 左图）。发育在山地的一种深切入基岩的曲折河道景观，称为深切河曲（图 6-17 中图）。在平原地区河床汊道密布、水流时分时合形如网状的河床景观，称为游荡型河床（图 6-17 右图）。

图 6-17　河曲、深切河曲及游荡型河床景观

基岩河床与浪蚀波痕景观,指河床底部全部是岩石,在流水作用下形成如波浪起伏般的形态。是一种特殊的河床景观,如图 6-18 所示。

图 6-18　浪蚀波痕景观:左图,福建政和佛子山(刘超 摄),右图,福建屏南白水洋地质公园
(据《天造奇观》编委会,2005)

侧蚀凹槽,河流侧向侵蚀河岸而形成的凹槽景观(图 6-19)。侧蚀凹槽的存在,解释了当地地壳存在一段相对稳定的时期;多级侧蚀凹槽则说明地壳存在多次间歇性抬升运动。河流向下侵蚀河床形成的沟槽状景观,称之为冲蚀沟(图 6-20)。

图 6-19　福建政和佛子山侧蚀凹槽景观(刘超 摄)　图 6-20　福建政和佛子山冲蚀沟景观(刘超 摄)

壶穴,在基岩河床中,水流漩涡挟着砾石对河床进行磨蚀而成、形如坛或壶状的深穴(图 6-21)。壶穴往往分布在陡坡激流处的基岩河床上,或是瀑布(跌水)的陡崖下方。

岩坎,河底的坚硬基岩处与下游河床形成一个不连续的陡坎(图 6-22),常形成瀑布景观。

图 6-21　海南呀诺达景区:壶穴景观(刘超 摄)　　图 6-22　岩坎与跌水景观(据陈安泽,2013)

河漫滩(Flood Plain),位于河床的一侧或两侧,在洪水时被淹没,枯水时出露的滩地。当位于河床边缘时,又称边滩(图 6-23);位于河床中,分割水流时,又称心滩。

图 6-23　边滩景观:乌江贵州思南(于吉涛 摄)

江心洲景观(River Island Landscape),河流高水位时不被淹没的形如孤岛状的地貌景观。其由河床上的心滩淤积扩大、加高后形成,如湘江中的橘子洲(图 6-24)、长江武汉段的鹦鹉洲和白沙洲(图 6-25)等。

河流阶地(River Terrace),河流下切侵蚀,使原先的河谷底部(河漫滩或河床)超出一般洪水位,呈阶梯状分布在河谷谷坡的地貌景观。阶地由阶地面、阶地陡坎、阶地的前缘、后缘组成。阶地按上、下层次分级,级数自下而上按顺序确定,愈向高处年代愈老(见图 6-11)。

图 6-24 江心洲景观——湘江长沙橘子洲　　图 6-25 江心洲景观——长江武汉天兴洲

河流三角洲(Fluvial Delta)，河流注入海洋或湖泊时，大量泥沙堆积形成近似三角形的平原景观。因常在河流入海或入湖的河口附近，又称河口三角洲(图 6-26)。

第三节　其他谷地景观

一、冰川谷地景观

冰川 U 形谷景观(Glacial U Valley Landscape)，又称冰蚀谷或冰川槽谷景观，由冰川侵蚀作用而形成的 U 形谷地景观(图 6-27)。最显著的形态特征是山谷宽阔、平直、横剖面呈"U"字形，分布在山地区域。一般由冰期前的河谷或山谷经冰川的挖掘和挫磨作用改造而成，在谷地和谷坡的基岩上，多有磨光面和冰川擦痕(图 6-28)。

图 6-26　长江三角洲

图 6-27　冰川 U 形谷(程璜鑫 摄)　　图 6-28　贡嘎山岳冰川形成擦痕景观[①]

---

①中山大学地球科学系.地球科学概论.[2015-10-23]. http://gs.sysu.edu.cn/geoscience2008/content/chapter06/content_06_05(b).htm.

悬谷景观(Hanging Valley Landscape)，支冰川槽谷的谷底高悬于主冰川槽谷的谷坡上，一种像是一道悬在半空中的谷地地貌景观(图6-29)。悬谷的成因与支谷冰川的下蚀能力远小于主谷冰川的下蚀能力有关。

冰斗及冰斗地貌遗迹景观，由冰川作用而成的三面壁陡一面开口的谷地景观。地貌学将仍有现代冰川存在的称为冰斗(图6-30)，由地质历史时期(通常是第四纪)中冰川作用而形成、现已无冰川的称为冰斗遗迹地貌。

图6-29 悬谷景观

图6-30 冰斗景观

围谷景观(Zirkkustal；Firn Basin，Icehouse Landscape)，即冰窖，又称粒雪盆地。是山谷冰川发源处屯冰的基岩凹地构成的一种地貌景观(图6-31)。其特点是：三面环山、底部较平坦，出口和冰川谷相连。

图6-31 粒雪盆地景观

二、岩溶谷地景观

岩溶洼地景观(Depression Landscape)，系岩溶区一种常见的封闭状负地形景观。

一般来说，岩溶洼地面积较大，底部直径多大于百米，表面较平坦，覆盖着松散沉积物，多有漏斗、落水洞分布。是岩溶山区的主要良田分布区(图6-32)。

图 6-32 岩溶洼地景观（程璜鑫 摄）

漏斗景观(Funnel Landscape)，系石灰岩地区一种呈碗碟状或漏斗状的凹地(图 6-33)。

岩溶漏斗是岩溶地面上发育最广泛的漏陷地貌。平面形态呈圆或椭圆状，直径从几米到上百米不等，其深度一般小于直径。漏斗壁因塌陷呈陡坎状，漏斗底部常有落水洞与之伴生，当地表水通过落水洞的地下渗入和流入的过程中，在垂向和侧向上不断溶蚀扩大加深，在地面出现环形的裂开面，最后陷落成漏斗。在贵州黔东南平塘县，人们利用这种地形建立射电望远镜(图 6-34)。

图 6-33 贵州黔东南平塘县大窝函漏斗景观①
（据杨涌泉，2015）

图 6-34 借助岩溶漏斗地形建成射电望远镜效果图
（据杨涌泉，2015）

天坑景观(Tiankeng Landscape)，岩溶作用形成的一种特殊的特大型塌陷地貌景观(图 6-35)。

天坑的宽度和深度均大于100m，且宽深比甚为接近，大部分岩壁为直立状。我国岩溶学者朱学稳于2001年10月首先提出用"岩溶天坑"(Karst Tiankeng)一词来表征碳酸盐岩区这种周壁陡峭、深度与口径可达百米以上的岩溶负地形。

坡立谷景观(Polje Karst Landscape)，碳酸盐岩地区一种被山峰环绕的较为平坦的谷地景观(图6-36)。谷地两侧多被峰林夹持，谷坡急陡，但谷底平坦，横剖面如槽形，谷地内常有过境河穿过，由谷地一端流出，至另一端潜入地下。

图6-35 奉节天坑景观(据陈安泽，2013)

图6-36 坡立谷景观

"坡立谷"一词源于塞尔维亚语"polje"，意指"田野"，并无岩溶成因含义，仅指岩溶地区可耕种的土地。但现已成为国际通用术语，一般将其理解为长条形或椭圆形受构造控制的溶蚀谷地。我国常称的岩溶盆地，几乎是大型坡立谷的同义词，如贵州安顺、兴义和云南罗平、文山等岩溶盆地，都是大型的坡立谷。

三、特殊谷地景观

谷中谷景观(Valley-in-valley Landscape)，又称叠谷，在原来谷地(河谷或是冰川槽谷)中有新的谷地生成，于是形成了谷地中套有谷地的一种特殊地貌景观，如图6-37所示。

由于新构造运动抬升、侵蚀基准面下降和气候变化等原因，河流下切作用加剧，在古老的宽谷中，又下切形成新的谷地，嵌在原宽谷之中，这种地貌称为谷中谷，例如华北地区宽谷中往往嵌有下切的峡谷(图6-38)。形态上的显著特征是原宽谷的底部表现为峡谷的谷肩。原宽谷也可能是冰川U形谷，如我国西部高山区冰期形成的冰川槽谷中往往嵌入有间冰期流水下切形成的峡谷。

盲谷景观(Blind Landscape)，岩溶地区没有出口的地表河谷，形态上为一段封闭式河谷(图6-39)。地表河流水消失于河谷末端陡壁下的洞穴，转而成为伏流或地下河。在可溶岩与非可溶岩接触带附近容易发育盲谷，发源于非可溶岩山地的溪流，一旦进入岩溶地区往往都会潜入地下。

喀斯特(岩溶)干谷景观(Karst Dry Valley Landscape)，岩溶地区干涸的或间歇性有水的河谷景观(图6-40)。

干谷先前是地表的排水通道，后因地壳上升或气候变化，侵蚀基准面下降，发育了更深的地下排水系统，使地表原来的河道成为干枯的河谷。干谷的谷底较平坦，并有漏斗、落水洞分布，常覆盖有松散堆积物。我国北方半干旱岩溶区干谷普遍发育。

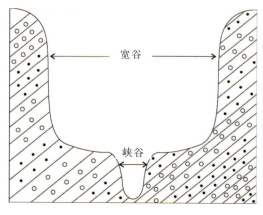
图 6-37 谷中谷示意图

图 6-38 谷中谷景观

图 6-39 盲谷景观

图 6-40 喀斯特干谷景观

课后习题

1. 构造峡谷的景观具有哪些特征？
2. 构造峡谷对当地的人文景观会产生哪些影响？
3. 隘谷、嶂谷、峡谷之间存在怎样的联系？其景观存在哪些异同？
4. 在诸多河流地貌中，选取一种类型进行描述，介绍一处典型景观。
5. 从地貌成因角度分析，谷地景观包括哪些类型？
6. 我国哪些地方可以发现岩溶谷地？分别有什么样的特征？

第七章　丘陵、平原及其他陆地景观

课前导读

地貌学将起伏不大(相对高度不超过200m),坡度较缓,地面崎岖不平的地形称为丘陵。将陆地上最为平坦的地域称之为平原,并通过海拔指标区别于高原(平原地区的海拔低于500m),通过起伏程度区别于丘陵(平原地区的相对高差小于50m)。

然后由于认知水平所限,我们人类对绝对高度(海拔)的感知并不那么灵敏,在肉眼"所见"之景观中也难以准确区分大片范围的相对高差(起伏程度)是否大于某个阈值。为了简化指标、便于认知,在此我们仅从肉眼视域角度,将陆地景观以形态特征划分为三大类:其一,地形起伏较小的称为丘陵景观;其二,相对平坦的统称为平原;其三,一些地表物质特殊或少见的荒漠景观和地下洞穴景观,统称为其他陆地景观。其中平原景观,包括高平原(即地貌术语中的高原)、盆地型平原(即地貌术语中的平坦盆地)和低平原(即地貌术语中的狭义平原)。荒漠景观涵盖了地貌术语中的沙漠、砾漠(戈壁)、岩漠、盐漠和泥漠等地貌类型。

丘陵和平原是人类的主要聚集区域。大量的人类活动参与到地貌演化之中,也因此形成了一些特殊的地貌景观。不同区域的自然环境与人类文明造就了人类世界的不同景观。这些景观成为各地独具特色的旅游资源。人类熟知但不尽知的丘陵和平原景观,以及荒漠和洞穴景观,将是本章的主要内容。

本章将介绍我国丘陵和平原的分布、景观特征及人类利用概况,荒漠和洞穴景观的成因类型及我国代表性景观,包括以下关键问题。

(1)我国主要的丘陵景观分布在哪些区域?平原景观呢?

(2)荒漠景观包括哪些类型?如何区分?

(3)洞穴景观有哪些成因类型?代表性景观是什么?

左图,平原景观;右图,丘陵景观

第一节 丘陵景观

丘陵在陆地上分布很广,欧亚大陆、南北美洲都有大面积的丘陵地带。丘陵往往背山靠水,是山地与平原的过渡区域,更是物产丰富的人类栖息地。地貌学划分丘陵类型的依据包括形态特征(高度、陡峻程度)、岩性组成、成因以及分布位置,如表7-1所示。在"削高补低"的地貌演化过程中,丘陵处于中间阶段,平原则是整体夷平的最终形态。

表 7-1 丘陵的细分类型(据高抒,2006,整理)

形态			岩性组成	成因	分布位置
绝对高度	相对高度	陡峻程度			
低海拔丘陵(<1000m) 中海拔丘陵(1000~2000m) 高中海拔丘陵(2000~4000m) 高海拔丘陵(4000~6000m)	低丘陵(<100m) 高丘陵(100~200m)	缓丘陵(<25°) 陡丘陵(>25°)	花岗岩丘陵 火山岩丘陵 沉积岩丘陵	构造丘陵 剥蚀-夷平丘陵 火山丘陵 荒漠丘陵 岩溶丘陵 冰碛丘陵 冻土丘陵 人造丘陵等	山间丘陵 山前丘陵 平原丘陵 海洋丘陵等

中国的丘陵约有 $10 \times 10^5 \text{km}^2$,由北至南分布着辽东丘陵、山东丘陵、江南丘陵、闽浙丘陵和两广丘陵。其中,江南丘陵、闽浙丘陵和两广丘陵合称为东南丘陵。由于气候条件、人类文化的地域性差异,各区域的丘陵景观也各不相同,本节将从观察者的角度,描述我国主要丘陵景观的气候、地形、植被、水文等自然要素和部分人工要素,分区域介绍我国的丘陵景观的总体特征。

一、辽东丘陵

辽东丘陵,位于辽宁省的东南部,西临渤海,东靠黄海,南面隔渤海海峡与山东半岛遥遥相望,西北和北部与辽河平原和长白山地相连,整体形态为一半岛,面积约 $3.35 \times 10^4 \text{km}^2$。辽东丘陵因受海洋季风影响,年降水量为650~1000mm,年平均气温在8℃以上。地带性植被为暖温带落叶阔叶林,河流流量的季节变化较大,全年径流的90%集中在夏、秋两季(图7-1、图7-2)。

辽东丘陵是中国柞蚕基地,农作物有玉米、大豆、高粱等。因耕地少,农业在当地经济中所占比例不大。

二、山东丘陵

山东丘陵,是一个低缓山岗与宽广谷地相间的丘陵,大部分地区海拔高度不足500m。位于黄河以南,大运河以东的山东半岛上,面积约占半岛面积的70%。山东丘陵被胶莱平原分隔为鲁东丘陵和鲁中丘陵两部分。

山东丘陵广泛分布有棕壤和淋溶褐土,是我国温带果木的重要产地,丘陵中的果林便是山

图7-1 辽东丘陵某处夏季景观

图7-2 辽东丘陵某处秋季景观

东丘陵的重要景观要素。山东丘陵地区粮食作物以小麦、薯类、玉米为主,经济作物主要有大豆、花生、烟草等,其中烟台苹果、莱阳梨、花生、柞蚕丝等闻名全国,素有"水果之乡""花生之乡"等称誉(图7-3、图7-4)。

图7-3 山东丘陵俯瞰[①]

图7-4 山东丘陵上的梯田式果园

岱崮地貌,是指鲁中丘陵分布的一片方山丘陵景观,当地称为"崮子",如孟良崮、抱犊崮、北岱崮等。其形态特征是顶部平展开阔、周围陡峭,峭壁以下是逐渐平缓坡地,整体高差不大,形如方山。代表性景观集中于山东省临沂市蒙阴县岱崮镇(图7-5、图7-6)。

三、东南丘陵

东南丘陵,北至长江、南至两广、西至云贵高原、东至海边的大面积丘陵低山统称为东南丘陵。其中,位于南岭以北的叫作江南丘陵,位于南岭以南的称为两广丘陵,浙江、福建两省境内的称为浙闽丘陵。

---

① 中国地名文化网.山东丘陵.[2015-10-23]. http://www.redchina.tv/dili/pingyuanqiuling/2010/11/11/141723171.html.

图7-5 方山丘陵("崮子")地貌景观——蒙阴北岱崮　　图7-6 山东丘陵岱崮地貌+果园景观——蒙阴大崮

东南丘陵海拔多在200～600m之间,其中分布的主要山峰超过1500m,丘陵与低山之间多数有河谷盆地。东南丘陵地处亚热带,水量充沛,气候湿热,适宜发展农业。

(1)江南丘陵,长江以南、南岭以北、武夷山和天目山以西、雪峰山以东,包括湘、赣两省的中南部和浙西、皖南地区的大片低山和丘陵区域(图7-7),海拔200～600m。本区属典型的亚热带景观,夏季高温,年降水量1200～1900mm,天然植被为亚热带常绿阔叶林,地带性土壤是红壤和黄壤。是我国重要的农业生产基地,农作物有水稻、棉花、苎麻、甘薯,经济林种类有油茶、油桐、乌桕、茶以及柑橘等(图7-8)。

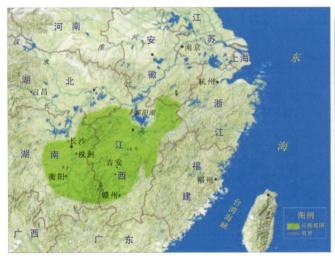 

图7-7 江南丘陵范围示意图(据杨勤业,2007)　　图7-8 江南丘陵景观:茶园-水田-湖泊[①]

(2)浙闽丘陵,位于武夷山、仙霞岭、会稽山一线以东的东南沿海。区域整体地势西北高、东南低,地形表现为山岭连绵,丘陵广布,海岸曲折,岛屿众多,平原和山间盆地狭小而分散(图7-9、图7-10)。浙闽丘陵区依山濒海,年降水量1400～1900mm,≥10℃积温5000～6500℃,

---

[①] 中国地名文化网.江南丘陵.[2015-10-23]. http://www.redchina.tv/dili/pingyuanqiuling/2010/11/11/1417231573.html.

作物一年两熟至三熟。植被属亚热带常绿阔叶林,是我国南方主要林区之一。保存有大面积的原始林和不少珍稀野生动物。已建有武夷山自然保护区。盛产柑橘、茶、油茶、油桐等亚热带经济林木。

图7-9　浙闽低山丘陵林地景观

图7-10　浙闽丘陵林地农田景观

(3)两广丘陵,是广西、广东两省大部分低山、丘陵的总称(图7-11、图7-12)。西部主要是石灰岩丘陵,东部多系花岗岩丘陵。其间主要山脉有十万大山、云开大山、莲花山等。丘陵海拔多为200~400m,少数山峰超过1000m。属南亚热带季风气候,1月平均气温10~15℃,日均温＞10℃的天数在300天以上,台风和暴雨频繁。植被为季风常绿阔叶林,土壤为赤红壤,盛产荔枝、龙眼、橄榄、香蕉、柑橘等水果。

图7-11　广西河谷型丘陵景观——西江千户苗寨
(据韩晓荣,2009)

图7-12　广东肇庆圆丘河谷型丘陵景观

四、其他类型的丘陵景观

彩色丘陵,指发育在干旱、半干旱地区的中生代杂色砂砾岩、泥岩、粉砂岩丘陵。主要特征是顶部形态浑圆、成景地层颜色多样(红色、黄色、紫色、绿色、棕色等)、成片分布(图7-13)。

彩色丘陵的色彩变化是由成景地层物质差异所造成,五彩缤纷的颜色说明当时沉积环境复杂,变化频繁,在甘肃张掖、新疆都有分布。

图 7-13　甘肃张掖丹霞丘陵(程璜鑫 摄)

黄土丘陵，是中国黄土高原上的主要地貌形态。景观特征表现为地形起伏、破碎、沟壑纵横(图 7-14)。

黄土的质地疏松，在地表流水冲刷作用下形成"千沟万壑"的景观。山西省的漳河、沁河上、中游流域和陕北、陇东黄土高原的北部，黄土丘陵广泛分布。如革命圣地延安就是典型的黄土丘陵景观，其海拔在 1000～1300m，地形起伏高差为 60～150m。

图 7-14　黄土丘陵景观：左图，俯瞰；右图，远看

盆中丘陵，是指四川盆地内西起龙泉山，东止华蓥山，北起大巴山麓，南抵长江以南，面积约 $8.4×10^4 km^2$ 的一片区域，地域概念中又称川中丘陵。以低平盆地中丘陵起伏、溪沟纵横为显著景观特征。

第二节　平原景观

学者根据绝对高度将平原分为四个类型：海拔小于 1000m 的低海拔平原，1000～2000m 的中海拔平原，2000～4000m 的高中海拔平原和 4000～6000m 高海拔平原(李炳元等，2008)。根据平原的地质成因，分为侵蚀平原和沉积平原两大类(表 7-2)。

表 7-2　平原类型划分(据宋春青,1990,整理)

按海拔		按成因		
平原类型	划分标准	平原类型		举例
低海拔平原 中海拔平原 高中海拔平原 高海拔平原	<1000m 1000～2000m 2000～4000m 4000～6000m	侵蚀平原		我国江苏徐州一带的平原
		沉积 (堆积) 平原	冰川堆积平原	德国、波兰沿波罗的海的平原
			冰水堆积平原	东欧平原、西西伯利亚平原
			冲积平原	亚马孙平原、东北平原、华北平原、长江中下游平原
			湖积平原	洞庭湖滨湖平原、太湖平原
			海积平原	渤海湾西岸平原、福州平原

平原地区构造运动可以是正向的或负向的。当地壳缓慢抬升时,在各种外营力的作用下,把风化疏松物质搬运走,形成山麓剥蚀平原,如我国江苏徐州一带的平原。当地壳轻微下降时,可以形成不同成因的沉积平原。根据外营力作用形式的不同,可将沉积平原分为冰川堆积平原、冰水堆积平原、冲积平原、湖积平原、海积平原等。

冰川堆积平原:由疏松冰碛物组成的平原,这种平原起伏不大,如德国、波兰沿波罗的海的平原。

冰水堆积平原:大陆冰川融化后,冰水携带泥沙、砾石堆积在低洼地而成,如东欧平原、西伯利亚平原等;或在山地冰川的山麓地带,由冰水融化搬运的碎屑物质堆积形成的平原,如我国西部高山冰川的山麓地带均有分布。

冲积平原:由河流迁徙和洪水泛滥冲积而成,很厚的冲积物掩盖了原来的古地面,有些地区仍可见到个别残丘突出在平原之上,如亚马孙平原、东北平原、华北平原、长江中下游平原等。

湖积平原:湖泊经过长期淤积变浅、由沼泽变为平原,多数情况下湖积平原面积不大,在湖积平原上还可见到洼地和沼泽,如我国的洞庭湖滨湖平原。

海积平原:由海相沉积物组成的平原,平原表面向海略有倾斜,呈波状起伏的形态,海积平原在世界沿海地区广泛分布,但面积不大,不是主要的平原类型,如渤海湾西岸平原、福州平原等。

平原景观(Plain Landscape)是指地面宽广平坦的区域,一般是切割微弱、起伏微小的平地景观,包括高平原、低平原和盆地型平原。我国平原面积约 $100 \times 10^4 km^2$,主要有东北平原、华北平原和长江中下游平原三大平原。平原地区地势平坦,土地肥沃,水网密布,交通方便,是经济和文化发达的地区。

一、东北平原

东北平原(图 7-15)又称松辽平原,包括松嫩平原和辽河平原。位于大、小兴安岭和长白山之间,北起嫩江中游,南至辽东湾,面积达 $35 \times 10^4 km^2$,是中国面积最大的平原。海拔大多低于 200m。东北平原广泛分布着肥沃的黑土,耕地广阔,是中国主要的粮食产区。

图 7-15　东北平原：平原河曲景观（据张跃，2015）

二、华北平原

华北平原位于黄河下游，面积约 $31×10^4 km^2$，是中国第二大平原。西起太行山脉和豫西山地，东到黄海、渤海和山东丘陵，北起燕山山脉，西南到桐柏山和大别山，东南至苏、皖北部，与长江中下游平原相连。延展在北京市、天津市、河北省、山东省、河南省、安徽省和江苏省等省市地域。华北平原是中国东部大平原的重要组成部分，大部分海拔 50m 以下，交通便利，经济发达。

三、长江中下游平原

长江中下游平原（图 7-16）全部分布在中国东部，在第三级阶梯上，是指中国长江三峡以东的中下游沿岸带状平原。北接淮阳山，南接江南丘陵。长江中下游平原大部分海拔 50m 以

图 7-16　长江中下游平原范围示意图（据中央电视台《再说长江》栏目组，2006，修改）

下,地势低平,河网纵横,素有"水乡泽国"之称。中游平原包括湖北江汉平原、湖南洞庭湖平原(合称两湖平原)和江西鄱阳湖平原;下游平原包括安徽长江沿岸平原和巢湖平原以及江苏、浙江、上海间的长江三角洲。

三角洲平原(Delta-plain)是由三角洲发展而成的平原。表面平缓微向海(湖)倾,流动在三角洲平原上的河流善淤、易决,许多呈分支、汊道或湖沼洼地。

当河流注入海洋或大湖泊时,在河口附近发生大量堆积,形成堆积体。堆积体逐渐加积,脱水成陆,并向海(湖)域推进,发育成三角洲平原,如长江三角洲平原。

湖积平原(Lacustrine Plain)是指由湖泊沉积物淤积而形成的平原。地势低平,呈浅盆状,中部常有沼泽、洼地分布。

湖泊沉积物的物质来源主要是河流搬运来的碎屑,以及湖浪对湖岸冲蚀破坏后的碎屑。湖泊由于泥沙日益淤积,湖底不断填高,湖水变浅,最后整个湖泊被淤塞而消亡,代之而起的是宽广的平原。例如湖南的洞庭湖与湖北中部的湖群,古代曾是连成一片的"云梦泽",由于淤积大部分已变成陆地。

四、其他类型的平原景观

盆地型平原景观,如成都平原,特征是分布于盆地内,地势平坦、水域遍布、河网纵横。

成都平原是中国西南地区最大的平原,因物产丰富自古就有"天府之国"的美誉,是长江流域著名的鱼米之乡。成都平原由岷江、沱江、青衣江、大渡河冲积平原组成,总面积为23 000km^2。

高海拔平原景观,如河套平原(图7-17),海拔900~1200m,山前为洪积平原,其余为黄河冲积平原。除山前洪积平原地带坡度较大外,地表极为平坦。

河套是指黄河"几"字弯和其周边流域。河套平原一般分为贺兰山以东,宁夏青铜峡至石嘴山之间的银川平原,又称"西套",以及内蒙古部分的"东套"。东套又分为巴彦高勒与西山咀之间的巴彦淖尔平原(又称"后套"),以及包头、呼和浩特和喇嘛湾之间的土默川平原(即敕勒川,也称"前套")。

岩溶平原(Karst Plain),指岩溶地区地面近乎水平的平原景观。地表为溶蚀残余的红土或冲积层,地形平坦,局部散布着岩溶孤峰(图7-18)。

岩溶平原是由岩溶盆地不断扩大而形成的,地表覆盖蚀余红土和散立的孤峰或残丘。在

图7-17 黄河造就的高原绿洲:河套平原(据张锐锋,2012)

图7-18 云南曲靖罗平岩溶平原景观

湿润的气候条件下,由于长期岩溶作用,岩溶盆地面积不断扩大,可达数百平方千米,呈现出平缓起伏的平原景观。岩溶平原的代表性景观区如中国广西的黎塘、贵港等地。

第三节 荒漠景观

荒漠(Desert)是在干旱或极干旱的气候区,形成的植被稀少、地表要素单一而荒凉的自然景观。按照成景基质的不同,可分为沙漠、砾漠(戈壁)、岩漠、盐漠和泥漠等景观。

一、沙漠景观

沙漠是指整个地表覆盖着大量流沙的荒漠景观。沙漠的沙粒来源于古代或现代河流、湖泊和洪积扇等沉积物中的细颗粒物质或风化残积物中的细颗粒物质。沙漠中沙粒的直径属于微米($1\mu m=1\times10^{-6}m$)量级。这样的"一盘散沙"在风场作用下会呈现出形状相似但尺度相去甚远的各种风沙地貌形态:沙波纹(厘米量级)、沙丘(米量级)、沙山和沙垄(千米量级)。

沙波纹微地貌景观(图7-19、图7-20),它是因风力作用而在沙丘表面形成的各种鱼鳞状的波纹,犹如水中的涟漪,主要有直线状、弯曲状、链状、舌状和新月状等类型。在风沙地貌学上沙波纹和沙丘的形成机制不同,但在形态学上沙波纹被认为是沙丘的缩影。

图7-19 沙波纹景观——内蒙古响沙岗(刀贝娣 摄)　图7-20 沙波纹近景(阿拉善沙漠地质公园管理局 提供)

沙丘是在干旱气候条件下,风力(起沙风)长期作用于地表沙物质形成的沉积物堆积体。风是塑造沙漠地表形态的主要动力,同时其形成与发育过程受下伏地形、植被和水分等多种因素的影响。

根据形态-成因原则,按照沙丘形态与风况之间的关系,分为单风向、双风向和多风向作用下的沙丘。其中,间歇性的单风向作用形成新月形沙丘(图7-21a),持续性的单风向作用形成新月形沙丘链(图7-21b)和横向沙垄(图7-21c);而间歇性的双风向作用形成纵向沙垄(图7-21d),持续性的双风向作用形成复合横向沙丘(图7-21e);在丰富的多风向的作用下,形成星状沙丘(图7-21f)。在其他因素如地形、植被和水分的影响下,还可以形成抛物线状沙丘(图7-21g)、穹状沙丘(图7-21h)等。

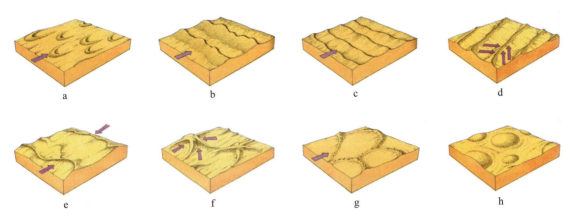

图 7-21 风向与沙丘形态示意图
(根据湖北省精品课程《地貌学及第四纪地质学》课件修改)
a.新月形沙丘;b.新月形沙丘链;c.横向沙垄;d.纵向沙垄;e.复合横向沙丘;f.星状沙丘;g.抛物线状沙丘;h.穹状沙丘

横向沙垄(图 7-21c)是一种巨形的复合新月形沙丘链,长 10~20km,一般高 50~100m,最高可达 400m。沙垄整体比较平直,两侧不对称,背风坡陡,迎风坡平缓;纵向沙垄(图 7-21d)是大致顺着主要风向延伸的长垄状沙丘,高度一般为 10~30m,长数百米至数十千米,主要由新月形沙丘发展演变而来,但在一些风力特强的地区,风力卷起大量沙粒并堆积在沙堆顶部,逐渐延展也可形成纵向沙垄。

全球沙漠总面积 $700 \times 10^4 km^2$,主要分布在亚洲、非洲、澳大利亚。中国沙漠主要分布在新疆、内蒙古与陕、甘、宁、青等北方 9 个省(区)(表 7-3),总面积约达 $71.29 \times 10^4 km^2$(董瑞杰,2014),仅次于澳大利亚($113.6 \times 10^4 km^2$)和沙特阿拉伯($86.22 \times 10^4 km^2$),列居世界第三位,是世界上最大的中纬度沙漠。包括塔克拉玛干沙漠、古尔班通古特沙漠、巴丹吉林沙漠、腾格里沙漠、毛乌素沙漠等。

表 7-3 中国主要沙漠和戈壁的分布面积(据董瑞杰,2014)

省(区)	总面积($\times 10^4 km^2$)	沙漠面积($\times 10^4 km^2$)	戈壁面积($\times 10^4 km^2$)
新疆	71.3	42.0	29.3
内蒙古	40.1	21.3	18.8
青海	7.5	3.8	3.7
甘肃	6.8	1.9	4.9
陕西	1.1	1.1	0
宁夏	0.65	0.4	0.2
吉林	0.36	0.36	0
黑龙江	0.26	0.26	0
辽宁	0.17	0.17	0
总计	128.24	71.29	56.95

中国国家地理杂志评选了中国五大最美沙漠摄影照片,带你领略中国沙漠景观的辽阔、博大、高远、旷古之美。

(1)巴丹吉林沙漠腹地,沙山连绵起伏,那波浪一样的纹路,仿佛上帝随手勾画的曲线(图7-22);只有在巴丹吉林,你才会看到这种神奇的景象,光与影在高大沙山的山脊与山凹处追逐变幻,形成的阴影像是一张人脸的侧面相(图7-23)。告别浮躁,告别喧嚣,漫无边际的黄沙充满了神秘与诱惑,久居城市的人应该来到阿拉善,体验另一种自然状况下的生活方式(田明中等,2005)。

图7-22 巴丹吉林沙漠腹地(高东风 摄)　　图7-23 巴丹吉林沙漠——温柔的呼唤(杨孝 摄)

(2)塔克拉玛干沙漠(图7-24),$33×10^4 km^2$ 的塔克拉玛干沙漠是仅次于撒哈拉沙漠区中的鲁卜哈利沙漠,是世界第二大流动性沙漠。作为一个"文明的大墓地",在20世纪初,塔克拉玛干一度成为世界性的探险乐园。从塔克拉玛干沙漠和塔里木盆地挖掘出的文物,至少收藏在全球十几个国家的博物馆里。在塔克拉玛干,大地敞开了怀抱,无遮无拦地袒露着自己。

(3)古尔班通古特沙漠(图7-25),受风向的影响,线状沙垄沿着南北走向延伸,长达十余千米,像自由伸展着的树枝,又像大漠的血脉。

图7-24 塔克拉玛干沙漠腹地(李学亮 摄)　　图7-25 古尔班通古特沙漠腹地(郝沛 摄)

(4)鸣沙山、月牙泉(图7-26),沙丘因人登之即鸣,泉水形成一湖,在沙丘环抱之中,酷似一弯新月而得名。湖泊紧邻沙山而千年不涸,不被掩埋,又因邻近敦煌城,湖畔建有庙宇而声名大噪。

(5)沙坡头(图7-27),集大漠、长河、高山、绿洲于一处,景色壮观。治沙专家为使铁路安全畅通而创造的治沙奇迹,使沙坡头驰名中外。

图7-26 鸣沙山、月牙泉——千年的守望
(孙志军 摄)

图7-27 沙坡头——曳住流沙的脚步
(王正明 摄)

二、戈壁景观

戈壁景观(Gobi Landscape),也称砾漠(Gravel Desert Landscape),蒙古语为难生草木的砾石荒漠之意,是干旱区常见的一种荒漠地貌景观。主要景观特征是地面几乎被粗砂、砾石所覆盖,植物稀少的荒漠地带(图7-28)。

图7-28 戈壁(砾漠)景观

在强烈的风力作用下荒漠中的各种沉积物以及基岩风化碎屑残积物的细粒组分被吹走，留下粗大砾石覆盖着地面，形成大片砾石滩，即为砾漠景观。在戈壁滩上仅能生长稀疏耐碱的草本及灌木。我国内蒙古西北部、新疆塔里木盆地和青海柴达木盆地边缘都有戈壁分布。

岩漠景观（Rocky Desert Landscape）是指石质荒漠，又称石质戈壁，主要特征是地表基本没有或很少有堆积物，大部分地方基岩裸露，土壤瘠薄，植被极稀疏，景色荒凉（图7-29）。

图7-29　岩漠（石质戈壁）景观

岩漠分布在干旱地区大山的山麓或某些风蚀洼地或干河洼地的底部，为岩石裸露的较平坦地面，覆盖着一层薄薄的尖角石块和砾石，其岩性与基岩一致。在这里由于昼夜温差变化急剧，物理风化作用强烈。在北美和我国西北的祁连山、昆仑山的山麓均有岩漠分布。

三、泥漠与盐漠景观

泥漠景观（mud desert landscape）是指主要由细粒黏土、粉砂等泥质沉积物组成的荒漠（图7-30左图）。分布于荒漠中的低洼处，多由湖泊干涸和湖积地面裸露而成，如湖沼洼地、冲积、洪积扇前缘等。主要特征是地面平坦，黏土龟裂纹发育，植物稀少。我国新疆罗布泊、青海柴达木盆地分布较广。

盐漠景观（Salt Desert Landscape）又称"盐沼泥漠"，是干燥泥漠地区中一种地表为大量盐分和盐渍物所覆盖的景观（图7-30右图）。盐漠地区只能生长少量的喜盐植物，是土壤最为贫瘠的荒漠。

在地下水位较浅的泥漠地区，含盐分的地下水沿毛细管孔隙上升达到地表时，水分蒸发，盐分在地表积聚，即形成盐漠。因盐分具有吸水作用，地表常处潮湿状态，干涸时形成龟裂地。中国青海柴达木盆地中部有大片盐漠分布。

第七章　丘陵、平原及其他陆地景观

图 7-30　新疆罗布泊(鲁全国 摄)：左图,泥漠景观；右图,盐漠景观

第四节　洞穴景观

各类地层岩石在特定的地质作用下,形成了形体复杂、奇异多姿的洞穴(Cave)旅游资源系统。如碳酸盐岩地层经过溶蚀形成的各种洞穴,火山熔岩形成的熔岩隧道,岩石崩塌形成的叠石洞,海浪掏蚀形成的海蚀洞,以及各种岩石在地下潜水作用下形成的潜蚀洞等,构成了一个地表以下、山体内及地层深处的洞穴景观系统。

一、岩溶洞穴景观

岩溶洞穴是碳酸盐岩或其他可溶性岩类地层经溶蚀作用而形成的复杂空间体系。洞内的鹅管、钟乳石、石笋、石柱、石幔、石旗、石花、石葡萄等洞穴堆积物,及洞内的古人类、古生物、古文化遗迹等,构成了重要的岩溶洞穴景观(图 7-31)。

图 7-31　岩溶洞穴(刘超 摄)：左图,溶洞内景；中图,溶洞中的地下河湖；右图,甘肃临潭冶力关溶洞口的岩溶泉

溶洞多沿特定的地层层面和断层构造及构造裂隙带发育,在地下水的溶蚀和冲蚀作用下形成。洞体有水平的、倾斜的、近似直立的；也有多层、多条洞体相互连通,中小洞厅与巨大厅堂纷繁出现的景象。有位于地下水位以上的干洞,有地下暗河发育的水洞和含有地下瀑布的水帘洞等。溶洞规模与洞穴体系长度由数十米至数十千米,有的甚至长达数百千米。溶洞通常以形态美学和神秘性吸引游客,而且不受季节的影响,是一种全天候旅游资源。

岩溶干洞景观(Karst Dry Cave Landscape),又称"旱洞景观",是指洞体脱离地下水水面的无水溶洞。如广西凤山江洲洞的干洞长度超过 30km,贵州双河洞已探明全长 117km 的洞

· 99 ·

道中有 60km 的干洞。

岩溶水洞景观,指现在仍然在发育的充水或半充水的洞穴,常指地下河(湖)与溶洞构成的地下景观体系。

岩溶竖向洞穴景观,洞道垂直或陡角度倾斜的岩溶洞穴景观,地貌学中称之为竖井(图 7-32)。由落水洞向下发育或洞穴顶板塌陷而成,通常底部为地下河水面。

岩溶文化洞景观,含有人类文化遗存的岩溶洞穴景观,如广西桂林溶洞中的明代壁书(图 7-33)。

 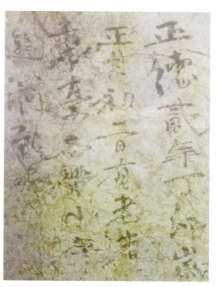

图 7-32 岩溶竖井景观:重庆南川金佛洞(张晶 摄)　　图 7-33 桂林溶洞中的明代壁书

(据陈安泽,2013)

洞穴化学沉积物,在洞穴形成之后,由于化学溶解、重结晶等作用在洞穴内形成的各种地貌形态,如鹅管(图 7-34)、钟乳石、石笋、石柱(图 7-35),它们的形成示意图如图 7-36 所示;再比如石幔(图 7-37)、石旗(图 7-38 左图)、石葡萄(图 7-38 中图)、石花(图 7-38 右图)等微地貌景观。

图 7-34 鹅管景观——湖北十堰[①]　　图 7-35 钟乳石、石笋、石柱景观——广西阳朔

① 探秘竹山天台溶洞最长鹅管.[2015-10-23]. http://www.shiyan.cc/news/12449.html.

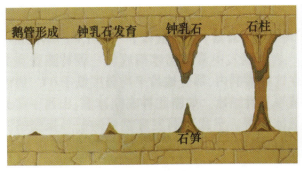
图7-36 鹅管等景观成景关系示意图
（据陈安泽，2013）

图7-37 石幔景观——重庆武隆芙蓉洞

图7-38 北京石花洞：左图，石旗景观；中图，石葡萄景观；右图，石花景观

二、火山熔岩类洞穴景观

熔岩隧道景观（Lava Tunnel Landscape），由火山熔岩的流动而形成的隧道状、管状岩洞。熔岩流的表面先冷却固结成一个外壳，内部仍然保持熔融状态继续流动，当处于熔融状态的内核被排空又无新的熔岩形成时，便遗留下管状空洞，因形似隧道而得名"熔岩隧道景观"。

在高温岩浆流动与冷凝过程中，由于其中各种气体的逸出和岩浆冷凝收缩，从而形成一系列复杂的熔岩空洞和熔岩隧道，有时洞体规模巨大，是重要的洞穴旅游景观。如海南省海口石山火山国家地质公园（图7-39）内，有数个巨大的熔岩隧道，其中卧龙洞宽约10m，高约7m，长约3000m，洞壁为光亮的玄武岩；仙人洞洞壁上布满着刺状熔岩，可以看到岩浆流动痕迹，最大的洞室高14.7m，面积达5800m²。黑龙江镜泊湖地质公园、浙江雁荡山地质公园（图7-40）都有熔岩隧道类的旅游项目。

三、其他洞穴景观

可溶性岩石洞穴以外的所有洞穴，包括砂岩和构造破碎岩在地下水流作用下形成的潜蚀洞（图7-41）；各类岩石差异风化形成的岩洞（图7-42）；岩石崩塌形成的叠积洞穴（图7-43，见图5-80）；以及人类活动所形成的古矿洞、古地道、古崖居（图7-44）等。

图 7-39　左图：海口石山火山群国家地质公园熔岩洞穴；右图，熔岩隧道口——海南洋浦（张晶 摄）

图 7-40　雁荡山国家地质公园模拟熔岩隧道

图 7-41　黄土陷穴（杨建国 摄）　　　　图 7-42　差异风化洞穴（刘龙泉 摄）

图 7-43　崩塌洞穴：安徽黄山（刘超 摄）

图 7-44　湖北当阳古崖居（程璜鑫 摄）：左图，古崖居外观；右图，古崖居内景

1. 简述丘陵、平原的分类及其依据。
2. 分别从地貌学和景观学的角度分析丘陵和平原景观的异同。
3. 简述我国主要的丘陵、平原景观及其分布。
4. 归纳总结风向与沙丘形态的关系。
5. 在文中选一处自己熟悉或者最喜欢的荒漠景观，讨论美学价值和科普价值。
6. 简述洞穴旅游资源系统的组成。
7. 以安徽黄山为例，探讨洞穴景观的保护与开发利用。
8. 浅析本章各种景观的旅游功能，并简要举例说明。

第八章　水体景观

课前导读

在自然景观中水是最基本、最富有活力的要素。水是人类文明的重要基石,也是重要的文化要素。人离不开水,决定了人们对水的固有偏爱。关于水体景观,你可以看"黄河之水天上来,奔流到海不复还""秋水共长天一色";你可以听雨打芭蕉、瀑落深潭、惊涛拍岸;你还可以嗅到水中的荷香,感触到泉水的清凉,体会到大江东去的壮美景象和不朽情怀……除却人之五官对水体景观美的感知,其实你还可以启用第六感——人们对于水体景观的审美体验,包括生理和心理。

水不仅有重要的生态功能,也具有不可替代的美学价值。如何充分发挥其生态功能的同时,又能更好地展现其美学价值,是值得研究的问题。在城市化高度发展的今天,优质的水体景观显得格外重要——作为水资源能够满足生产需求,作为水环境能为生产生活提供支撑,作为水体景观能为生活增添色彩。

常言道:仁者乐山,智者乐水。智者通达事理、反应敏捷,就像水流动时以柔克刚侵蚀岩石、塑造地貌;安静时甜美柔情、沉淀岁月、滋润万物。如果要问一般人是喜欢山还是喜欢水,所得的回答多半是"既仁又智"。面对比仁者智慧活跃,比智者仁厚稳重的"一般人",如何将水体景观分解、归类,如何权衡水体景观的形色之美、体验之美、科学之美、文化之美,如何选取表现素材、再现水体景观之美,显得困难重重。如此难题我们权且丢一边,仅从欣赏层面了解不同类型的水体景观,感知水体景观的美,做一个真正的智者。本章包括以下关键问题。

(1)水体景观有哪些类型?
(2)我国著名的水体景观有哪些?
(3)水体景观美的要素有哪些?

水体景观(左图,卢丽雯 摄;右图,夏会会 摄)

第一节 风景河段

风景河段不是河流地貌的自然分段,也不具地理分区概念,也没有严格意义上的人为界线,仅指某条河流中风景优美、具有游赏价值的某处或某段。一条大河往往流经诸多地貌单元、流过不同气候区和文化区,沿河一路走来会有许多形象各异的景观,风景河段难以一一列举。中华大地上河流众多,更是难以尽数其中之风景,在此只是信手拈来几处,且作景观要素分析之用。

一、河水与河岸景观

河水的奔腾汹涌,河岸的险峻秀丽,构成的景观如长江瞿塘峡(图8-1)。瞿塘峡西起奉节白帝山,东到巫山大溪镇,是长江三峡中最短、也最险的一个。西端入口处,两岸断崖壁立,高数百丈,宽不及百米,形同门户,名曰"夔门"。瞿塘峡两岸岩壁高耸如削,大江在悬崖绝壁中汹涌奔流,自古就有"险莫若剑阁,雄莫若夔门"的美称。

河水的蜿蜒曲折,甚至是180°大拐弯,构成的奇特景观,如黄河老牛湾(图8-2)。

图8-1 长江三峡段瞿塘峡[①]

图8-2 黄河山西老牛湾段景观(刀贝娣 摄)

---

① 长江三峡大坝印象.[2015-10-22]. http://www.byts.com/youji/12382.html.

河水色彩的差异,形成界线鲜明、如成语"泾渭分明"般的景观(图 8-3,图 8-4)。纯净的水体是无色的,但由于光照、承水物质环境的不同(或是水体污染或其他杂质的加入),影响着水体的色彩,如九寨沟的五彩池(图 8-5),就是受池体色彩影响的;大面积水面显现的蔚蓝色(图 8-6),是受天空大气光色影响。阳光倾斜地射入大气,也倾斜折射入水体中,再者受水面倾斜反射等影响,尤其在朝暮时分,水天变得色彩丰富,审美印象深刻。

河水的动态之美,可观其形、闻其声(图 8-7),如河流经过河床陡坎,形成瀑布景观。

图 8-3 黄河入海口河水、海水界线分明

图 8-4 汛期长江(左)与嘉陵江(右)交汇处(周会 摄)

图 8-5 九寨沟五彩池(九寨沟景区 谢超 摄)

图 8-6 蔚蓝的青海湖

二、城市滨河景观

河流是重要的人类文明之源,沿河产生众多城市。城市的滨河区域往往也是重要的休闲景观带。

城市建设与河流共同构筑的城市河流景观。高楼大厦等城市建筑群中流淌的河流景观,如图 8-8 所示。灯光掩映下的城市滨河景观,如图 8-9 所示。城市河流上的桥梁也是重要的景观资源,如兰州黄河铁桥(图 8-10)、武汉长江大桥(图 8-11)等都是游客不想错过的景点。

图 8-7 黄河壶口瀑布

图 8-8 城市河流景观:左图,上海吴淞江①;右图,武汉汉江与长江(邹幼勤 摄)

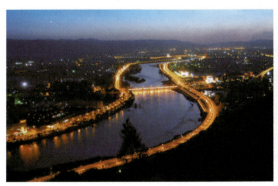 

图 8-9 灯光下的城市滨河景观:左图,兰州黄河两岸夜景②;右图,武汉汉口江滩夜景

---

① 吴淞江.[2015-10-22]. http://baike.haosou.com/doc/6406307-6619971.html.
② 甘肃冬春旅游"热"起来.[2015-10-22]. http://www.gsta.gov.cn/gs/yyw/10462.htm.

图 8-10　黄河第一桥：兰州黄河铁桥[①]　　　　图 8-11　长江第一桥：武汉长江大桥

三、其他类型河流景观

山水相依、互为映衬的自然风光，因河流的存在而更显灵动，如漓江之于桂林阳朔（见图 2-4）。风景河段之美，有山有水、有静有动。岸边的花草树木是重要的构景要素，如图 8-12 所示（湖北当阳百宝寨沮河游客码头），若删掉图中的垂柳，照片的美景度将大幅下降。

图 8-12　垂柳点缀的风景河段（程璜鑫 摄）

古建筑、古村落与河流共同构建的甜美乡村、民族风情，都是令人向往的美丽景观，如图 8-13 所示。水上游乐项目也是游客喜爱的旅游体验。许多风景水体的经营者安排了娱乐项目，如漂流、滑水等在戏水中调动审美激情，把娱乐、体育、观光融为一体。人与水的触碰，让触觉体验充分发挥功效，从生理到心理都获得旅游快感，体验与看别人体验，共同构成风景河段的特殊景观。

[①] 天下黄河第一桥——中山桥.［2015-10-22］. http://dili.gscn.com.cn/system/2013/04/11/010315785.shtml.

图 8-13　古镇与河流构成的风景河段(丁镭 摄):左图,江阴周庄;右图,嘉兴乌镇

第二节　湖泊景观

一、湖泊景观的地貌类型

湖泊的分类方法有许多种,按湖水含盐度分为淡水湖(如洞庭湖)、咸水湖(如纳木错);按湖泊所在地形分为平原湖(如洞庭湖)、丘陵湖(如日月潭)、高原湖(如青海湖);根据湖泊所在位置特征,还有城市湖泊或城中湖的称呼(如武汉的东湖);按湖泊所在流域的特点,可分为内流湖和外流湖;按湖泊的成因可分为火山口湖、断陷湖、潟湖、冰成湖、风成湖、牛轭湖、堰塞湖等。以下从地貌成因角度介绍几种典型的湖泊类型。

火山口湖,火山锥顶上的凹陷部分积水形成的湖泊(图 8-14)。外部形态似圆形或马蹄形,一般面积不大,湖水较深,分布于曾有火山活动的区域。火山口湖是火山创造的奇迹。

风成湖,是在沙漠中低于潜水面的沙丘洼地,在降水或地下水补给下形成的。风成湖泊面积小,水浅无出口,湖形多变,多为间歇性湖泊,常是冬春积水,夏季干涸或成为草地。在茫茫戈壁或沙漠等干旱、荒凉的景象之中,出现一滩湖水、一丝生机、一抹绿色,这即是著名的风成湖景观,比如内蒙古居延海(图 8-15)、甘肃敦煌月牙泉(图 8-16)。

图 8-14　湖泊景观(火山口湖):长白山天池

图 8-15　风成湖景观：内蒙古居延海（夏会会 摄）

图 8-16　湖泊景观（风成湖）：甘肃敦煌月牙泉（卢丽雯 摄）

断陷湖，由断层陷落后形成的湖盆积水而成。常呈狭长状，湖泊平面形态较单一，湖岸线平直，岸坡较陡，深度较大。如纳木错（图 8-17）、滇池等。

冰成湖是由冰川刨蚀和冰碛作用所成洼地中蓄水形成的湖泊，包括冰蚀湖和冰碛湖等。多分布在古代冰川作用区或高原上，常常成群出现，湖岸曲折，形状多样。

冰川携带岩块一起前进，在掘蚀作用下形成洼地，并积水成湖，成为冰蚀湖，如庐山如琴湖（按照李四光先生的第四纪冰川理论，其属于冰川遗迹地貌，图 8-18）。当冰川后退（或消融）时，冰碛物堆积成丘陵或四周高中间低的洼地，或填塞部分河道，冰雪融化后充满水，成为冰碛湖，如我国新疆博格达峰北坡的天池就属于冰碛湖。

图 8-17　湖泊景观(断陷湖):西藏纳木错

图 8-18　湖泊景观(冰成湖):庐山如琴湖(杨洋 摄)

潟湖,原为海湾,由于湾口处泥沙沉积将海湾与海洋分隔开,最终形成的湖泊(又称海成湖)。如宁波的东钱湖和杭州的西湖。

牛轭湖,属于河成湖,由原来弯曲的河道废弃而成,状如牛轭。牛轭湖形成过程主要受到地转偏向力的影响,是河流自然截弯取直结果,可用两张照片示意其形成过程(图 8-19)。

图 8-19　牛轭湖形成过程示意图:左图,河曲;右图,截弯取直后形成中的牛轭湖

内蒙古巴彦淖尔盟的乌梁素海（蒙语音译名，意为杨树湖），即为典型的牛轭湖，其成因与黄河改道密切相关。

堰塞湖，是由火山熔岩流、冰碛物或山崩岩石等堵塞河谷后形成的湖泊（图8-20）。

图8-20　堰塞湖景观：左图，汶川地震唐家山堰塞湖；右图，云南鲁甸地震堰塞湖

二、中华著名湖泊景观

泱泱华夏，大湖众多，五千年文明留下的具有文化内涵的著名湖泊景观难以尽数。为了配合上一小节的湖泊景观分类，以下且以湖泊面积为先稍作挑选，完善类型列举。

1. 青海湖

青海湖是中国最大的湖泊（高原咸水湖），属于构造断陷湖，湖盆边缘多以断裂与周围山地相接，海拔为3200m，面积达4583km^2。在青海湖畔，蓝天白云、苍翠的远山、碧澄的湖水、葱绿的草滩和洁白的羊群……青海湖景观具有说不出的诗情画意，令人心驰神往。

2. 鄱阳湖

鄱阳湖是中国第一大淡水湖，也是中国第二大湖，仅次于青海湖，位于江西省北部。湖盆由地壳陷落而成，属于断陷湖。在平水位（14～15m）时，湖水面积为3150km^2。鄱阳湖是一个季节性、吞吐型湖泊，具有"枯水一线，洪水一片"的自然景观。唐代王勃的《滕王阁序》中的"落霞与孤鹜齐飞，秋水共长天一色"极为精妙地描述了鄱阳湖的景象，将静中之动、寂中之欢写成绝句，于是落霞不落寂，孤鹜不孤独。

3. 洞庭湖

洞庭湖是我国第二大淡水湖，位于湖南省北部，长江荆江河段南岸，属于构造断陷湖，是长江重要的调蓄湖泊。洞庭湖衔远山，吞长江，浩浩荡荡，横无际涯，气象万千，素以宏伟、富饶、美丽著称于世。岳阳楼位于洞庭湖边，加上众多诗人的吟唱（如唐代李白"淡扫明湖开玉镜，丹青画出是君山""且久洞庭赊月色，将船买酒白云边"，刘禹锡"遥望洞庭山水色，白银盘里一青螺"，更添湖泊景观之美。

鄱阳湖、洞庭湖与太湖、洪泽湖、巢湖并称我国五大淡水湖。

太湖位于长江三角洲的南缘，横跨江、浙两省，北临无锡，南濒湖州，西依宜兴，东近苏州。太湖是平原水网区的大型浅水湖泊，号称有48岛、72峰，有"太湖天下秀"之称。

洪泽湖是中国第四大淡水湖，在江苏省淮安、宿迁两市境内，为淮河中下游结合部。因黄河、淮河改道而成,属于河成湖。洪泽湖既是淮河流域大型水库、航运枢纽,又是渔业、特产品、禽畜产品的生产基地,素有"日出斗金"的美誉。

巢湖位于安徽省中部,由合肥市、巢湖市、肥东县、肥西县、庐江县环抱,属于断陷湖。

4. 杭州西湖

浙江杭州西湖是中国首批国家重点风景名胜区,也是《世界遗产名录》中湖泊类文化遗产,成因类型属于潟湖。湖中被孤山、白堤、苏堤、杨公堤分隔为外西湖、西里湖、北里湖、小南湖及岳湖五片水面。沿湖地带绿荫环抱,山色葱茏,画桥烟柳,有90多处各具特色的公园景色,将西湖连缀成了色彩斑斓的大花环,使其春、夏、秋、冬各有景色,晴雨风雪各有景致。

5. 九寨沟"海子"

九寨沟以森林、雪山、瀑布、湖泊四大景观赢得美誉,其中以湖泊最享有盛名,被称为"天下第一水",有"九寨归来不看水"一说。九寨沟从海拔1800m的沟口到海拔3000m左右的沟顶,分布着100多个美妙绝伦的湖泊(当地人称之为"海子")。大多数海子由河流局部沉积淤塞而成,呈阶梯状的堰塞湖。九寨沟山清水秀,湖、瀑一体,山、林、云、天倒映于湖水之中,更添湖泊景色。宁静翠蓝的湖泊和洁白飞泻的瀑布构成了静中有动、蓝白相间的奇景。树在水边长,水在林中流,更增添了无限生机。

6. 五大连池

由火山喷发出的熔岩阻塞白河河道,形成五个相互连接的湖泊,因而得名五大连池,属于堰塞湖类型。五大连池是我国少数几个与火山相关的湖泊。五大连池景区除了有火山博物馆的美誉之外,也是北方重要的湖泊景观。其湖水清澈,从附近火山峰顶向下望去,犹如一面明镜,映射着天光云影、美不胜收。

7. 抚仙湖

抚仙湖是个高原断陷湖泊。湖面海拔1720m,面积216.6km²,平均深度为95.2m,最深处159m。抚仙湖水质为Ⅰ类,是国家一类饮用水源地,也是我国水质最好的天然湖泊之一。有禄充村、孤山岛等景区,渔村风情浓郁、湖光山色秀丽。

8. 威宁草海

草海,又名南海子,位于贵州省威宁彝族回族苗族自治县,水域面积46.5km²,海拔2171.7m,是一个石灰岩区的溶蚀湖,也是贵州最大的天然湖泊。草海水深为2m,浅水沼泽、莎草湿地、草甸、草地等景观特征明显。贵州威宁草海国家级自然保护区,主要保护对象为高原湿地生态系统及珍稀鸟类。

9. 日月潭

日月潭是我国台湾岛最著名的风景区,卧伏在玉山和阿里山之间,由断裂盆地积水而成,属于断陷湖。日月潭中有一小岛(拉鲁岛)远望好像浮在水面上的一颗珠子,以此岛为界,北半湖形状如圆日,南半湖形状如弯月,日月潭因此而得名(图8-21、图8-22)。

10. 千岛湖

千岛湖,即新安江水库,位于浙江省杭州西郊淳安县境内,因湖内拥有1078座岛屿而得名,是世界上岛屿最多的湖泊(图8-23)。千岛湖是因新安江水力发电站拦坝蓄水形成的人

图 8-21 日月潭卫星影像图

图 8-22 日月潭景区一角

工湖。以千岛、秀水、金腰带(岛屿与湖水相接处环绕着有一层金黄色的土带,图8-24)为主要景观特色,是中国首批国家级风景名胜区之一。

图 8-23 俯瞰千岛湖的岛屿景观

图 8-24 千岛湖的"金腰带"景观(瑞木鸿鸟 摄)

第三节　瀑布及泉水景观

一、瀑布景观

瀑布，在地貌学中又叫跌水，是河水流经断层、凹陷等陡崖或陡坎地形时近似垂直地从高空跌落所形成的景观。瀑布是水体景观的特殊形态，可以观其形态、闻其声响、感受其气势与意境，如果与著名诗词相唱和，又形成自然与人文的景观组合。以下挑选几处一同欣赏、一起品鉴。

1. 黄果树瀑布

黄果树瀑布位于贵州镇宁布依族苗族自治县境内的白水河上，瀑布宽约80m，落差66m，洪峰时流量超过$2000m^3/s$，以水势浩大著称，是世界著名瀑布之一（图8-25）。瀑布后面的绝壁上凹成一洞，洞深约20m，洞口常年为瀑布所遮，人称"水帘洞"，是瀑布发育过程中的一大特征。

图8-25　贵州黄果树瀑布景观（卢丽雯 摄）

2. 九寨沟瀑布群

九寨沟瀑布群，主要由树正瀑布、诺日朗瀑布和珍珠滩瀑布组成，此外还有无数小瀑布。

（1）树正瀑布宽50m，高20m，从古树丛中奔腾而出，出没于悬崖树林之中。树正瀑布是老虎海水，沿湖泊漫流被水中树丛分成数以千计的水束，汇集到树正瀑顶，一到裂点就喷扬出来，随着下方凸起的环形梯状钙华，构成多极浑圆状瀑布（图8-26左图）。

（2）诺日朗瀑布位于树正沟尽头，日则沟和则查洼沟的分岔处。高30～40m，宽140余米，在我国瀑布中，可以称为第一阔瀑。瀑布水穿越林间，尽展"森林瀑布"奇观。入冬后，诺日朗瀑布玉琢冰雕，酣然沉睡（图8-26中图）。

(3)珍珠滩瀑布在镜海和金玲海之间,从某种意义上讲,类似于黄果树瀑布群中的螺蛳滩瀑布。它不完全是一个翻崖落水的跃水,而是流淌在一个约20°倾角的滩面上。瀑布在滩面上缓缓流淌,由于滩面由钙华组成,钙华表面又有鳞片般的微小起伏,当薄薄的水层从滩面上淌过,在阳光的照射下,若万颗明珠,闪着银光,故得名珍珠滩(图8-26右图)。

图8-26　九寨沟瀑布群:左图,树正瀑布;中图,诺日朗瀑布;右图,珍珠滩瀑布

3. 吊水楼瀑布

吊水楼瀑布发育在黑龙江省东南部的牡丹江河谷中。8000年前由于火山喷发,流淌的熔岩在此堵塞了牡丹江河道,形成了镜泊湖。之后,湖水从其北侧熔岩坝的两个裂口泄出,从而形成了两个瀑布,即吊水楼瀑布(图8-27)。瀑布宽40～42m,落差20～25m。远望像白色珠帘,飘挂在锦绣谷地之中,景致迷人。

图8-27　牡丹江吊水楼瀑布[①]

4. 庐山李白瀑布与三叠泉瀑布

庐山瀑布,因诗仙的名句而成名,所以又称为李白瀑布(图8-28),是人文要素附着于自然景观而形成的著名景点。但是由于气候的变化,李白瀑布已经没有初唐时期那般雄伟的气

---

① 牡丹江. http://scentc.fengjing.com/heilongjiang/10/08/pic_detail-2-20114.shtml.

势,很难找寻到"飞流直下三千尺,疑是银河落九天"的意境。或许游客只能陶醉于气候变迁的科学内涵,亦或是古诗的韵味之中。

三叠泉瀑布(图 8-29),落差达 120m,由断层崖壁,叠成三级,而得名。由大月山、五老峰的涧水汇合,经过五老峰背,由北崖悬口而出形成瀑布,被誉为"庐山第一奇观"。立于泉下盘石向上仰观,但见抛珠溅玉的三叠泉宛如白鹭千只,上下争飞;立于观瀑亭可又俯视三叠泉,听瀑鸣如击鼓,吼若轰雷。仰看与俯视各蔚壮观,自成美趣,故有"不到三叠泉,不算庐山客"之说。

图 8-28　庐山李白瀑布　　　　　　　　图 8-29　庐山三叠泉瀑布

5. 黄山瀑布群

黄山瀑布群以九龙瀑(图 8-30)、百丈泉(图 8-31)等最享盛名,与花岗岩山体、黄山松等共同构建了黄山地貌景观。九龙瀑最为壮丽,瀑布成上下九叠,眺望如九条白龙攀附于峭壁探涧之间,声如雷吼,令人惊叹。九龙瀑和百丈泉瀑高均 50m 左右,且都形成于主支谷相交的坡折裂点处。

二、泉水景观

地下水的天然露头,称为泉。泉是地下水的一种重要排泄方式。泉水和瀑布相似,也具有形、声、色之美,但从审美重心来细分,瀑布的审美讲究"势",而泉水的审美更讲究"质"。

1. 趵突泉

趵突泉位于济南市西门桥附近。泉水自三窟中冲出,浪花四溅,势如鼎沸。三股泉喷涌,状如三堆白雪,平均流量 $1.6m^3/s$。地下水受周围不透水岩石阻拦,在补给区静水压力作用下,沿溶隙或盖层薄弱处上涌,形成泉头。

图 8-30　九龙瀑（黄山管理委员会 提供）　　　　图 8-31　百丈泉（黄山管理委员会 提供）

2. 虎跑泉

虎跑泉位于杭州西湖西南大慈山麓的定慧寺内，居杭州名泉之首，并有"天下第三泉"之称。它处于北、西和西南三面山岭环抱的马蹄形洼地之中，又正好处在一组岩层裂隙处，为地下水汇集、虎跑泉的形成提供了良好的地形和供水条件，属于裂隙泉。虎跑泉水量充足，水质纯净，水味甘洌淳厚。由于泉水的矿物质含量高，分子密度和表面张力较大，硬币投入后能浮在水面而不下沉，颇受游客钟爱。

3. 黄山汤泉

黄山汤泉（图 8-32）位于黄山市紫云峰下的黄山宾馆附近。泉水温度常年保持在 42℃ 左右，故又称黄山温泉。据研究地质时期的岩浆侵入活动，形成了黄山地区现今的花岗岩体。在花岗岩体与围岩的接触部位，发育了裂隙带。地壳深部的承压水沿此裂隙带上升，出露地表，形成了泉。由于是深部承压水，受地热影响而增温，于是成为温泉。

4. 白沙井

长沙市天心区白沙路旁有座形似卧龙的山，叫回龙山。山下有四口井一年四季不干不溢、清澈如镜，这便是"白沙古井"。"白沙古井"自古以来为江南名泉之一。回龙山一带为古河床，长年累月地下水顺着地层斜面往下流动，经过沙砾层的沉淀过滤后，在白沙井处露出，形成所含杂质极少、清香甘美、长饮不竭的泉水。

5. 月牙泉

从甘肃省敦煌县城往南约 5km，便可看到连绵起伏，如虬龙蜿蜒的鸣沙山。登鸣沙山俯

图 8-32 黄山汤泉（黄山管理委员会 提供）

视,只见在四周沙山的环抱之中,静静的流淌着一股翡翠般的清泉,东西宽 25m,南北长约 100m,最深处 5m。其水面形状酷似一弯新月,得名"月牙泉"(见图 8-16)。

月牙泉本是疏勒河的主要支流——党河的一段,由于党河改道,残留的河湾形成为一个单独的湖泊水体。其水源,来自于疏勒河水的地下渗透,由于良好的隔水层,形成丰富的含水层。在压力作用下,沿裂隙上涌而成泉。

月牙泉"经历古今,沙填不满","虽遇烈风而泉不为沙掩盖"(《敦煌县志》载)。经科学家考察,这里沙不掩泉有两个原因:一是党河地下潜流源源不断地补充到泉内,使泉水保持动态平衡;二是由于泉水四周沙山环绕,地势南北高、东西低,风随山移,从东南口吹入,急旋上升,挟带细沙,飞上山头,又从西北山口吹出,这种常年特定的风向走势,造成了沙粒上升和泉如月形的美景。由于泉水清澈,碧波荡漾,雨不溢、旱不涸,总是呈现蔚蓝色,称为"月泉晓彻"美景。古诗"银沙四面山环抱,一池清水绿漪涟",是对月牙泉的真实写照。

1. 长江流域和黄河流域的景观有哪些异同？这种差异的成因是什么？
2. 一方水土养一方人,不同的河流流域对依附于其周边的人文景观有哪些影响？
3. 以卢琴湖和天池为例,简述冰成湖的特点和其形成的景观有哪些美学价值。
4. 堰塞湖作为地震、滑坡的遗迹,要如何进行开发利用？
5. 我国著名的人工湖泊千岛湖有哪些特点？基于这些特点可以进行何种旅游产品开发？
6. 瀑布景观是如何形成的？其开发受限于哪些条件？
7. 在泉水景观的开发过程中,如何将人文历史资源和自然资源进行有机结合？

第九章 海岸及岛礁景观

课前导读

"大海将被其分割的陆地又连了起来""海纳百川有容乃大"……大海就像一位哲人,总会勾起无限的遐想。彻底理解大海是难以达成的愿景,但是人们可以通过努力不断提高认识,逐渐摸清诸如海岸地貌演变规律,理解区域大海文化,熟悉海洋生物习性。只有熟悉大海的"习性",才能更好地开发利用海洋资源,才有人与大海和谐相处的可能。

我们审视海岸及岛礁景观发现:微小型地貌的景观要素变化较快(如岸崩),而另一些海洋文化的沉淀则历时较长(如我国东南沿海的妈祖文化);一些变动可以再次恢复(如游客对沙滩的扰动),而另一些变动却一去不复还(如岛礁的损毁)。为了在景观开发利用时不损毁自然景观,并使人工修饰的景致更加"得体",我们将从类型和特征角度了解海岸及岛礁景观,并从中领悟部分成因及变化规律。包括以下主要问题。

(1)海岸地貌景观有哪些类型?

(2)岛礁景观有哪些类型?如何形成的呢?

大海[①]:左图,沙滩;右图,海岛

---

① 大海图片. [2015-10-23]. http://www.nipic.com/show/1/7/6d22d186cae9188a.html; http://www.nipic.com/show/4/79/7fea6c18107812f2.html.

第一节 海岸景观

海岸景观是海陆交界处景物的总称,包括具有观赏价值的自然景色和人工景物。从景观物质划分,包括海岸地貌景观和海岸生态景观。从成因类型角度,海岸地貌景观又可分为海蚀地貌景观和海积地貌景观。

一、海蚀地貌景观

海蚀地貌是指海水运动对沿岸陆地侵蚀破坏所形成的地貌。波浪和波浪挟带的碎屑物质,对岸坡的撞击、冲刷、研磨,以及海水对岩石的溶蚀作用等,统称海蚀作用。海蚀的程度与当地波浪的强度、海岸原始地形、海岸的岩性及地质构造特征有关。所形成的海蚀地貌有海蚀崖、海蚀平台、海蚀穴、海蚀拱桥、海蚀柱等。

海蚀穴景观(Sea Cave Landscape),海平面附近出现的凹槽形海岸景观(图9-1)。海浪拍打海岸,由于激浪的掏蚀或海水的溶蚀,使海岸形成了槽形凹穴,常断断续续沿海岸线呈带状分布。古海蚀穴可以作为古海岸线高度的标志。如果沿海岸线延伸长度较大(远大于向陆地的深度),则称之为海蚀凹槽(Sea Chasm Landscape)(图9-2)。

图9-1 海蚀穴景观(王硕 摄)　　　　图9-2 海蚀凹槽景观

海蚀崖(Wave-cut Cliff Landscape),海蚀穴或海蚀凹槽逐渐扩大后,上部的岩石失去支撑而垮塌形成的陡崖,称为海蚀崖(图9-3,图9-4)。

海蚀台(图9-5),即海蚀平台(Abrasion Platform),是波浪冲掏岸壁,形成海蚀穴,悬空的崖壁在重力作用下发生崩塌,之后新的冲掏和崩塌又重新发生,这种过程不断进行,直到海蚀台在其宽度增大到波浪的冲蚀作用不能达到时,就停止发展。

海蚀拱桥景观(Sea Arch Landscape),也称海蚀拱、海穹,常见于海岸岬角处,岬角两侧受波浪冲蚀,使已经形成的海蚀洞穴从两侧方向贯通,形成似拱桥状的景观(图9-6)。因其形态像由陆向海伸展的象鼻,所以又叫"象鼻山"。

海蚀柱景观(Sea Stack Landscape),基岩海岸外侧孤立的柱状或塔状地貌(图9-7左图)。海蚀柱是海岸受海浪侵蚀、崩塌而形成的与岸分离的岩柱,由海蚀拱桥顶部坍塌发展而来。

图 9-3 海蚀崖景观

图 9-4 海蚀崖景观——军舰崖

图 9-5 海蚀平台景观——基岩海岸

图 9-6 大连金石滩:海蚀拱桥景观(据陈安泽,2013)

海蚀沟景观(Marine Erosion Ditch Landscape),海水像锯子一般沿着岩石节理侵蚀,年深日久就形成了海蚀沟,如图9-8所示。

海水及海浪的侵蚀作用,还可以形成一些极为奇特的象形景观,如我国台湾省野柳地质公园中的海蚀蘑菇丛(图9-9)、蜡烛台(图9-10)等。

图9-7 海蚀地貌景观(据陈安泽,2013):左图,福建平潭海蚀柱;右图,示意图

图9-8 海蚀沟景观

二、海积地貌景观

海积地貌景观是进入海岸带的松散物质,在波浪推动下移动,当波浪力量减弱便堆积起来形成的各种景观,其主要类型有海滩、沙嘴、沙坝、潟湖等。

海滩景观(Beach Landscape),是海岸带的一部分,根据组成物质颗粒大小可分为沙滩(图9-11)、砾滩(图9-12)和泥滩(图9-13)三种。海滩大规模发育,可以扩展成海积平原。

沙嘴景观(Sand Spit Landscape),一端衔接海岸,一端伸延入海的狭长型堆积地貌(图9-14)。

沙坝景观(Barrier Landscape),在波浪、海流作用下堆积在海岸带沙滩外缘海中的长条形

图 9-9　台湾野柳海蚀蘑菇丛

图 9-10　台湾野柳蜡烛台

图 9-11　海积沙滩景观——三亚湾（刘超 摄）

图 9-12　海积砾石滩景观（朱珠 摄）

图 9-13　海积泥滩景观

图 9-14　沙嘴景观(据陈安泽,2013)

堤坝状地貌(图 9-15)。由沙质或砾石组成,常混杂有贝壳碎片。

贝壳堤景观(Shell Beach Ridge Landscape),由贝壳堆积形成的堤状地貌景观(图 9-16),又称蛤蜊堤。古贝壳堤是可靠的古海岸地貌标志(图 9-17)。

图 9-15　沙坝地貌景观(据陈安泽,2013)

三、红树林海岸景观

红树林海岸景观,是指热带、亚热带滨海泥滩上特有的常绿灌木或乔木植物群落构成的一种生态景观。翠绿的树冠随波荡漾,不时有水鸟翻飞,红树林是"海上森林"的主要景观特征(图 9-18),如海口东寨港,北海合浦等地(图 9-19)。

红树林的主要植物有红树、红茄苳、角果木、秋茄树、海莲等(生态学上统称为红树林)。红树林景观分布在低平堆积海岸的潮间带泥滩上,特别在背风浪的河口、海湾与沙坝后侧的潟湖内最为发育。

图9-16 贝壳堤景观①

图9-17 古贝壳堤地貌景观①

图9-18 红树林景观(魏晴 摄)

图9-19 红树林景观:左图,海口东寨港;右图,北海合浦

---

① 贝壳堤.[2015-10-23].http://www.creativetube.com.cn/tupian/21665119.html.

第二节　岛礁景观

岛礁是海岛与石礁景观的总称,是指分布于海洋中,四面被海水包围的陆地景观。

一、岛屿景观

岛屿景观(Island Landscape),此处指海岛景观的总称(湖泊中也有岛屿,如千岛湖中的岛屿,再如黄山太平湖中的岛屿,图9-20)。一般面积较大的称为岛,如台湾岛(图9-21)、海南岛、崇明岛;面积较小的称为屿,如鼓浪屿、赤尾屿(图9-22)、花瓶屿(图9-23)。

图9-20　黄山太平湖中的岛屿景观(黄山管理委员会 提供)　　图9-21　航片俯瞰台湾岛

在狭小的区域集中两个以上的岛屿,即为岛屿群。大规模的岛屿群称作群岛或诸岛,如马来群岛、西印度群岛,再如我国南海诸岛可分为四大岛屿群(东沙群岛、西沙群岛、中沙群岛、南沙群岛)。呈线性或弧形排列的群岛称列岛,如澎湖列岛、嵊泗列岛、日本列岛等。

图9-22　钓鱼岛列岛最东端:赤尾屿　　图9-23　台湾岛"北方三岛"之一:花瓶屿[①]

---

①花瓶屿.[2015-10-23]. http://jingdian.tuniu.com/guide/tupian-view/429116.

半岛景观(Peninsula Landscape),是指深入海洋或湖泊,三面被水域包围的陆地景观。大的半岛主要受地质构造断陷作用而成,如中国的辽东半岛、山东半岛、雷州半岛等。

陆连岛景观(Attached Island Landscape),由于泥沙等碎屑物质堆积使岛与陆相连,形成陆连岛,如中国山东省烟台芝罘岛(图9-24、图9-25)。

图9-24　陆连岛示意图:烟台芝罘岛　　　　图9-25　俯瞰芝罘岛[①]

二、生物礁景观

生物礁景观(Organic Reef Landscape),由各种造礁生物形成的具有抗浪结构的礁体景观的通称。造礁生物包括珊瑚(图9-26)、藻类、苔藓虫、钙质海绵、层孔虫等。生物礁规模大小不等,大的长达几十千米,小的只有几十米。露出水面的称作明礁(图9-27),在水面以下的称作暗礁(图9-28)。根据物质组成的不同,常见的有珊瑚礁、牡蛎礁等;根据形态可分为环礁、堡礁等。

图9-26　珊瑚　　　　　　　　　　　图9-27　明礁远景

珊瑚礁景观(Coral Reef Landscape),由造礁珊瑚的石灰质遗骸和石灰质藻类堆积而成的一种礁石(图9-29)。在深海和浅海中均有珊瑚礁存在,它们是成千上万的由碳酸钙组成的

[①] 芝罘岛.[2015-10-23].http://cache.baiducontent.com/.

珊瑚虫骨骼在数百年至数千年的生长过程中形成的。珊瑚礁为许多动植物提供了生活环境，其中包括鱼类、蠕虫、软体动物、海绵、棘皮动物和甲壳动物。

牡蛎礁（Oyster Reef），是由大量牡蛎及其他贝类的介壳和碎片混杂以粗砂、细砂经由碳酸钙含量较高的海水或地下水在海滩上胶结而成的礁体（图9-29）。

图9-28　水下珊瑚礁（暗礁）[①]　　　　图9-29　海岸牡蛎礁——海门蛎蚜山[②]

环礁景观（Ring reef Landscape，Atoll Landscape），海洋中呈环状分布的珊瑚礁景观（图9-30）。形态特征为：礁体中间有封闭或半封闭的潟湖或礁湖；露出海面的高度达几米，呈圆形、椭圆形及马蹄形。直径可达100km，深数米至百余米。一般分布在珊瑚易于生长的太平洋和印度洋的热带和亚热带海洋上，如太平洋上基里巴斯环礁、大西洋加勒比海的伯利兹环礁。

图9-30　环礁景观：左图，基里巴斯环礁[③]；右图，伯利兹环礁[④]

[①] 珊瑚礁. [2015-10-23]. http://www.quanjing.com/share/nature1075756.html.
[②] 中国唯一奇礁——海门蛎蚜山. [2015-10-23]. http://uzone.univs.cn/news2_2008_498616.html.
[③] 太平洋岛国基里巴斯拟举国搬迁. 海峡都市报，2012-3-12.
[④] http://www.quanjing.com/feature/travel/211330.html.

堡礁景观(Barrier Reef Landscape),又称离岸礁、堤礁,是指海洋中围绕岛屿或大陆呈堤状分布的珊瑚礁(图9-31)。

图9-31 堡礁景观

1. 海蚀地貌景观有哪些类型?
2. 海积地貌景观有哪些类型?成景的物质基础分别是什么?
3. 红树林的景观要素包括哪些?景观开发角度应该注意哪些问题?
4. "岛"和"屿"有差别吗?从景观形态上如何区分?
5. 岛屿景观的特征是什么?开发利用的条件是什么?

主要参考文献

白艳萍,徐敏,王伟.景观规划设计[M].北京:中国电力出版社,2010.
布朗.设计与规划中的景观评价[M].管悦,译.北京:中国建筑工业出版社,2009.
陈安泽.旅游地学大辞典[M].北京:科学出版社,2013.
陈安泽.论砂(砾)岩地貌类型划分及其在旅游业中的地位和作用[J].国土资源导报,2004,
　　1(1):11-16.
陈利江,徐全洪,赵燕霞,等.嶂石岩地貌的演化特征与地貌年龄[J].地理科学,2011,31(8):
　　964-968.
陈美华.自然奇珍:观赏石赏析[M].武汉:中国地质大学出版社,2008.
陈诗才.洞穴旅游学[M].福州:福建人民出版社,2003.
崔之久,陈艺鑫,杨晓燕.黄山花岗岩地貌特征、分布及演化规律[J].科学通报,2009,54(21):
　　3364-3373.
丁安徽,杨立信.玉石名品鉴赏与投资[M].北京:印刷工业出版社,2013.
董瑞杰,董治宝,曹晓仪.中国沙漠旅游资源空间结构与主体功能分区[J].中国沙漠,2014,
　　34(2):582-589.
窦贤.雅丹地貌——大漠深处的地貌奇观[J].南方国土资源,2005(3):36-38.
范文静,唐承财.地质遗迹产区旅游产业融合路径探析——以黄河石林国家地质公园为例[J].
　　资源科学,2013,35(12):2376-2383.
付迷,张文昭,王俊辉,等.北京石花洞岩溶景观特色及成因探讨[J].资源与产业,2010,12(6):
　　149-155.
甘永洪,罗涛,张天海,等.视觉景观主观评价的"客观性"探讨——以武汉市后官湖地区景观美
　　学评价为例[J].人文地理,2013(3):58-63.
高抒.现代地貌学[M].北京:高等教育出版社,2006.
郭颖.观赏石鉴赏[M].北京:地震出版社,2012.
韩晓荣.江西随拍[EB/OL].[2015-10-23].http://my.poco.cn/lastphoto_v2.htx&id=
　　1564489&user_id=36507027&p=0.
黄进.丹霞山地貌[M].北京:科学出版社,2009.
计成.园冶[M].北京:中华书局,2011.
李炳元,潘保田,韩嘉福.中国陆地基本地貌类型及其划分指标探讨[J].第四纪研究,2008,28
　　(4):634-645.
李振鹏,刘黎明,谢花林.乡村景观分类的方法探析[J].资源科学,2005,27(2):167-173.
里德.园林景观设计[M].郑淮兵,译.北京:中国建筑工业出版社,2010.
梅清.梅清画集:黄山画派[M].天津:天津人民美术出版社,2008.

史兴民. 旅游地貌学[M]. 天津:南开大学出版社,2008.
宋春青. 中国中学教学百科全书·地理卷[M]. 沈阳:沈阳出版社,1990:85.
苏德辰,孙爱萍. 北京永定河谷中元古界雾迷山组软沉积物变形与古地震发生频率[J]. 古地理学报,2012,13(6):591-614.
苏敏敏. 构造地质学基础(五)[EB/OL]. [2015-10-22]. http://www.kjwt.cn/Kxs/Html/2013-4-10/231.html.
孙显科,吕亚军,张大冶,等. 风成沙地地形1/10定律的研究与敦煌鸣沙山成因猜想[J]. 中国沙漠,2006,26(5):704-709.
唐云松,陈文光,朱诚. 张家界砂岩峰林景观成因机制[J]. 山地学报,2005,23(3):308-312.
田明中,原佩佩,郑文鉴,等. 沙与湖的爱情宣言——走进阿拉善沙漠的沙湖群[J]. 博物,2005(4):26-29.
田明中. 天造地景——内蒙古地质遗迹[M]. 北京:中国旅游出版社,2012.
吴成基,陶盈科,林明太,等. 陕北黄土高原地貌景观资源化探讨[J]. 山地学报,2005,23(5):531-519.
吴传钧. 20世纪中国学术大典[M]. 福州:福建教育出版社,2002:67-69.
吴正. 风沙地貌学[M]. 北京:科学出版社,1987:67-153.
伍光和. 自然地理学[M]. 北京:高等教育出版社,2008.
杨勤业. 地理学者说:江南是丘陵[J]. 中国国家地理,2007(3):56-58.
杨世瑜,吴志亮. 旅游地质学[M]. 天津:南开大学出版社,2006.
杨湘桃. 风景地貌学[M]. 长沙:中南大学出版社,2006.
杨涌泉. 世界最大的漏斗群——克度大窝凼漏斗群[EB/OL]. [2015-10-22]. http://中国县域旅游网.com/Article.asp?id=498.
曾克峰. 地貌学教程[M]. 武汉:中国地质大学出版社,2013.
张根寿. 现代地貌学[M]. 北京:科学出版社,2005.
张锐锋. 区域:河套平原 大漠深处的"粮仓"——河套它让铁犁深入大漠腹地[J]. 中国国家地理,2012(10):316-323.
张跃. 航拍、水系、松嫩平原[EB/OL]. http://www.cd-pa.com/bbs/thread-126487-1-1.html.
中央电视台《再说长江》栏目组. 再说长江[M]. 上海:上海科学技术文献出版社,2006.
周成虎,程维明,钱金凯,等. 中国陆地1:100万数字地貌分类体系研究[J]. 地球信息科学学报,2009,11(6):707-723.
周成虎. 地貌学词典[M]. 北京:中国水利水电出版社,2006.
周武忠. 景观学:"3A"的哲学观[J]. 东南大学学报(哲学社会科学版),2011,13(1):87-94.
《天造奇观》编委会. 天造奇观[M]. 屏南:福建省屏南人民政府,2005.

内 容 提 要

　　景观地貌学探索地文景观资源的形态特征、成因类型与美学价值,为景观资源评价、旅游开发、地学科普讲解提供理论支撑。全书共分九章,前三章讲解地貌学和景观的基础知识,提出以游客之眼看地貌的理念——人之所在的地貌空间即为景观。之后以人之所视的范围、形态,将地貌分为中微型景观、山岳景观、峡谷景观、丘陵及平原景观、水体景观、海岸及岛屿景观六个大类,即后六章的内容。全书精选了大量的照片,配合通俗的语言和示意图,分别讲解各种地貌的景观形态、物质基础和成景过程,以期增加公众对地貌景观的感知能力,更好地挖掘景观地貌的科学美、展示景观地貌的韵律美。本书可作为高等院校资源环境类、景观设计类、城乡规划类专业的教材,也可供旅游资源开发、设计、导游及管理人员参考使用。

图书在版编目(CIP)数据

景观地貌学/刘超主编. —武汉:中国地质大学出版社,2016.3(2017.7重印)
ISBN 978-7-5625-3157-9

Ⅰ.①景…
Ⅱ.①刘…
Ⅲ.①景观-地貌学
Ⅳ.①P901②P931

中国版本图书馆 CIP 数据核字(2016)第 056079 号

景观地貌学　　　　　　　　　　　　　　　　　　刘　超　主　编
　　　　　　　　　　　　　　　　　　　　　　刘一举　李　维　程璜鑫　副主编

责任编辑:王　荣	责任校对:张咏梅
出版发行:中国地质大学出版社(武汉市洪山区鲁磨路388号)	邮政编码:430074
电　话:(027)67883511　　传真:67883580	E-mail:cbb@cug.edu.cn
经　销:全国新华书店	http://www.cugp.cug.edu.cn
开本:787毫米×1092毫米 1/16	字数:230千字　　印张:9
版次:2016年3月第1版	印次:2017年7月第2次印刷
印刷:武汉中远印务有限公司	
ISBN 978-7-5625-3157-9	定价:42.00元

如有印装质量问题请与印刷厂联系调换